少儿环保科普小丛书

大自然的报复

本书编写组◎编

中国出版集团公司

世界图书出版公司

广州·上海·西安·北京

图书在版编目（CIP）数据

大自然的报复／《大自然的报复》编写组编. ——广
州：世界图书出版广东有限公司，2017.3
ISBN 978 - 7 -5192 -2478 -3

Ⅰ.①大… Ⅱ.①大… Ⅲ.①环境保护－青少年读物
Ⅳ.①X -49

中国版本图书馆 CIP 数据核字（2017）第 049845 号

书　　名：大自然的报复
　　　　　Daziran De Baofu

编　　者：本书编写组
责任编辑：冯彦庄
装帧设计：觉　晓
责任技编：刘上锦
出版发行：世界图书出版广东有限公司
地　　址：广州市海珠区新港西路大江冲 25 号
邮　　编：510300
电　　话：（020）84460408
网　　址：http：//www. gdst. com. cn/
邮　　箱：wpc_ gdst@ 163. com
经　　销：新华书店
印　　刷：虎彩印艺股份有限公司
开　　本：787mm×1092mm　1/16
印　　张：13
字　　数：206 千
版　　次：2017 年 3 月第 1 版　2017 年 3 月第 1 次印刷
国际书号：ISBN 978 - 7 -5192 -2478 -3
定　　价：29.80 元

版权所有　翻印必究
（如有印装错误，请与出版社联系）

前　言

　　大自然赐予了人类繁衍生存的条件和充足的资源，使人类成为了地球的主角。但是，人类回报大自然的是无尽的索取和破坏；当人类宣告向征服大自然的目标前进同时，已写下了一部令人痛心的破坏大自然的记录书。这种破坏不仅仅直接危害了人们所居住的大地，而且也危害了地球上的所有生灵。20 世纪是人类对资源和环境破坏最严重的 100 年。20 世纪 70 年代，随着东西方冷战的结束，和平与发展慢慢成了人类追求文明与进步的共同主题，核战争已不再是威胁世界的第一危机，取而代之的是环境危机。

　　大自然是人类共同的家园。然而 20 世纪以来，随着科学技术的发展和经济规模的扩大，人类赖以生存的地球发生了巨大的变化。

　　有资料表明：目前全球人口正以每年 9000 多万的幅度增长，到 21 世纪中期将达 100 亿。

　　然而全球已有 30% 的土地因人类的活动遭致退化，每年流失土壤约 240 亿吨；全世界每年流入海洋的石油达 1000 多万吨，重金属几百万吨，还有数不清的生活垃圾。水中的病菌和污染物每年造成约 2500 万人死亡；全球每年向大气中排放的二氧化碳约有 230 亿吨，比 20 世纪初增加了 25%，与此同时空气中的颗粒物质、二氧化硫、一氧化碳、硫化氢等有毒污染物也大量增加。全世界森林面积以每年约 1700 万公顷的速度消失，平均每天有 140 种生物消亡等。所有这一切都在向人类发出警示：人类在破坏地球环境的同时，也在毁灭着自己的家园。人类只有一个地球，尊重环境就是尊重生命，拯救环境就是拯救未来！

当今世界环境的污染破坏，从本质上说是为追逐人类自身的利益而造成的。现在的青少年是 21 世纪的主人，是祖国未来的希望所在，树立青少年爱护环境，保护自然的意识和热爱自然、热爱地球的优良素质是事关我国未来发展的一个战略性问题。

《大自然的报复》一书主要阐述了由过去绿色生态环境下的大自然到逐渐被破坏的大自然再到大自然对人类的种种惩罚，通过一幅幅震撼人心的图片向青少年读者们展现了一个伤痕累累的大自然，根本目的就是让青少年能够明白大自然环境对我们人类生存的重要性，尽自己的一份力量去保护身边的环境，做到人与自然环境和谐发展！

由于编者水平和视野所限，书中的错误和不足之处在所难免，敬请读者不吝指正。

目 录
Contents

美丽的大自然

人类美丽的家园

在茫茫的宇宙中，太阳系家族里有一颗美丽的蔚蓝色星球，那就是我们的家园、人类赖以生存的环境——地球。

如果你站在距地球 38 万千米之外的月球上观察地球的话，你会发现地球是一个巨大的球体。它的表面大多为蓝色，那是海洋；还有白色，那是极地和高山的终年积雪；也有棕黄色和绿色，那就是陆地和陆地上的植被了。

地球上 70% 的表面被海洋覆盖着。风和日丽时，这里是波光粼粼，水天一色；风暴雨狂时，这里是惊涛骇岸，白浪滔天。这里游弋着世界上最大的动物——蓝鲸；这里生长着美丽的珊瑚。这里过去曾经是生命的摇篮；这里现在依然是无尽的宝库。

人类美丽的家园——地球

地球上的陆地只占不到 1/3 的面积，却有着复杂多变的景观；有一望无际的平原，连绵起伏的丘陵；有茂密的森林，茫茫的草原；有小桥流水的江南水乡，也有人烟罕至的西域戈壁；有赤道热带的绮丽旖旎，也有南北两极的银装素裹；有刺破青天的喜马拉雅山，也有令人惊心动魄的科罗拉多大峡谷。

在我们的家园，繁衍生息着许许多多的动物、植物和微生物。当然也包括我们人类在内。

这里是一个植物的世界，没有植物，地球上就没有生命。人类和动物都需要植物来供给食物和氧气。我们餐桌上丰盛的佳肴，身上穿的牛仔装或其他时装，都直接或间接地来自植物。在各个国家里，都有许多人养花、种菜，供人们观赏和食用。科学家从植物中提取各种成分来制药，比如有治疗疟疾的奎宁、治疗感冒的板蓝根冲剂等。植物的种类很多，外形千姿百态，最小的海洋浮游生物用肉眼是无法看到的，而高大参天的"世界爷"——巨杉，竟有 83 米高，相当于 30 层楼房那么高。巨杉 3500 年的树龄，树围 31 米，大约要 20 个人手拉手才能围过来，而树干基部凿成的隧道竟可通过汽车。

植物的共同特点是它们都能够利用阳光生产自身生长繁殖所需要的养分。与动物不同，植物不能自己移动。植物界至少有 30 万个物种。它们分为藻类、菌类、地衣、苔藓、种子植物（由裸子植物和被子植物组成）。我们日常见到最多的是种子植物，它们中有高大挺拔、四季常青的松柏，也有五彩缤纷、芬芳宜人的鲜花。我们吃的谷物、蔬菜、水果也属于这一类。

我们的家园也是个动物的王国。许多人一定看过并且喜爱《动物世界》这个电视栏目。看到那些可爱的野生动物，让我们生活在现代都市的人有种久违了的回归自然的感觉。性情温和、身材矫健的瞪羚在非洲大草原上漫步，高高的长颈鹿从容地俯下头在水边饮水，几只小猎豹相互追逐、嬉戏，成群的大象在泥泽中尽情地沐浴。上万头牛羚随着季节和环境的变化，成群结队，浩浩荡荡长途迁徙的情景，更让人惊心动魄。"鹰击长空，鱼翔浅底，万类霜天竞自由"，呈现出大自然和谐而美丽的画卷。

打开动物王国的大门，首先令我们惊愕不已的是那繁多的种类。动物界的物种可能有 100 万种以上。科学家们为了能把如此众多的动物分清查明，并研究它们彼此的亲缘关系，把动物分成了十几个门。如：海绵动物、腔肠动物、扁形动物、环节动物、节肢动物、软体动物、脊索动物等等。脊索动物又进一步分为无颌纲鱼形动物、鱼类、两栖动物、爬行动物、鸟类和哺乳动物。我们人类就属于最高等的哺乳动物。这些动物，有的我们不熟悉，有的我们不但熟悉，而且与我们的生活密不可分，如：我们穿的皮衣、毛衣、丝绸，我们吃的肉、蛋、奶，预防疾病接种的疫苗，田里劳作的耕牛，疆场驰骋的战马，家中饲喂的宠物等等，这样的例子真是数不胜数。可以说动物已深入到我们生活中的每一个方面。依偎在妈妈怀里的孩子，听的是大灰狼和小白兔的故事，念的是"小白兔，白又白，两只耳朵竖起来"的童谣，看的是米老鼠和唐老鸭的动画片，两只胖胖的小手上抱的是小狗熊或大熊猫的绒毛玩具。上学的孩子，学的是"狐狸与乌鸦"的寓言，背诵的是"两个黄鹂鸣翠柳，一行白鹭上青天"，"左牵黄，右擎苍"，"西北望，射天狼"。看看我们的梨园舞台，这边是孙悟空大闹天宫，那边是白娘子断桥会许仙；一段孔雀独舞令观众如痴如醉，一曲百鸟朝凤更让听者忘记了自己身置何处。再来看看我们的体坛和画苑：使我们强身健体的五禽戏模仿五种动物的姿态竟是如此惟妙惟肖；齐白石的虾、徐悲鸿的马、黄胄的驴又是多么传神。动物已成为我们生活中的一个不可缺少的组成部分。

人类的许多创造得到动物的启迪。最早的飞机像鸟，更像蜻蜓；潜艇流线形的造型像鱼，更像海豚；斜拉桥的承重受力分布与猎豹身体极为相似。

因为有了生命活动，我们这个家园变得如此充满活力，如此丰富多彩、美丽多姿。

变迁的家园

我们的家园如此美丽，那么它最初是什么样子？它从何而来，又向何而去？千百年来多少人一直在苦苦思索，试图解开这一千古之谜。现在对于地球的过去，答案虽不能说已经完整，至少已有了基本的轮廓。

据科学家们估计，地球的年龄大约有46亿岁。地球和太阳以及太阳系的其他行星一样，都是由宇宙中的巨大气体和尘埃云形成的。在它刚刚形成的时候，是一个沸腾的热度极高的岩质和水汽的混合体。

几百万年过去了，地球渐渐地冷却下来，表面形成一层薄薄的密闭的地壳。水蒸气冷却后成了今天的海洋。我们从20亿年前的化石中知道，最早出现在地球上的生命形式是细菌，然后又逐渐演化出蓝绿色藻类植物。这些植物释放出氧气，氧气从海中逸出，进入大气层，并形成了臭氧层。这个臭氧层隔开了太阳释放出来的致万物于死地的辐射，形成一把巨大的保护伞，庇护着生命向陆地和空中发展，至此，生命发展的条件已完全具备。大约在6亿年前，生命的演化出现了早期的水母、珊瑚等。4.5亿年前，有了三叶虫、鹦鹉螺等。1.5亿年前，整个地球被庞大的恐龙家族统治着，一直延续到6500万年前。恐龙神话般地消失后，却迎来了鸟类和哺乳类的繁荣昌盛。

距今250万年左右，我们的家园里出现了一位重要的新成员名叫"能人"的猿人。尽管他还不能直立地行走，但却用制造出的粗糙的石器和简陋的遮蔽物宣告了一个崭新的世纪——石器时代的到来。距今15万年前，我们的"能人"站立起来了，成为直立行走的直立人。距今5万年前，现代人——智人亚种出现。到了公元前3000年，史前人类开始使用金属，标志着人类早期文明进入新的阶段。

在自然状态下，我们的家园一直没有停止过变化。最初，地球上所有的大陆都是连接在一起的，成为一大块被称为"联合古陆"的超大陆。大约在2亿年前，超大陆开始分裂。到大约1.35亿年的时候，超大陆分裂成两块——冈瓦纳大陆和劳拉西亚大陆。前者形成了今天的印度、南美洲的大部分、澳洲和南极洲；后者形成了今天的欧洲、亚洲和北美洲。大陆躺在许多被称为板块的大块固态岩石上，以大约2.5厘米/年的速度缓慢地漂移着，移动的速度大概和我们指甲生长的速度差不多。而且，这种漂移至今仍在进行。当板块漂移发生碰撞或挤压时，就会造成火山、地震和海啸，并且使高山隆起，地壳下陷。号称"世界屋脊"的喜马拉雅山就是这样从一片汪洋中逐渐升高，并且还在继续升高。这种沧海桑田般的变化，是以地质年代为时间尺度单位来展示的。这种缓慢的环境变迁的作用在我们家园的一隅保存下了一些原始的哺乳类，像鸭嘴兽、针鼹等，让我们清楚地看到生命进化的中间环节。

使我们家园旧貌换新颜的另一个主要的因素是气候。从地球形成以来，气候不断地发生周期性变化。全世界各地在地质历史上曾经发生过三次大冰期，即震旦纪大冰期、石炭纪至二叠纪大冰期及第四纪大冰期。离我们最近的第四纪冰期的末期，巨大的冰帽覆盖了世界上1/3的陆地，北美洲和欧洲的大部分地区都覆盖在冰层之下。我们的庐山、大理等地，也留下了冰川的遗迹。寒冷的冰期，以及冰期末期的海平面上涨，对我们家园的居住者，无疑是一场大的灾难。只有在一些得天独厚的小环境中生活的动植物，才有幸躲过。像红杉属的植物，在恐龙时代曾是北半球的优势种，广泛分布于亚洲和北美的中、高纬度地区。而在经历了第四纪冰期后，仅仅留下了美国的巨杉、海岸红杉和我国被称为"活化石"的水杉种子遗植物。在生命进行的漫长岁月中，物种的形成和消亡一直在进行。科学家认为，在地球上存活过的动物和植物已有99%自然灭绝了。当地球上的环境发生重大变化时，有些生物不能适应这种变化，就被大自然无情地淘汰掉，从我们这个家园中消失了。在史前时期，曾经发生过几百种生物大规模同时灭绝的事情，通常都是由于气候急剧变化所引起的。一些物种灭绝了，又有一些新的物种诞生了。"物竞天择，适者生存"，这就是大自然的法则。在这个法则的约束下，尽管我们的家园发生过巨大的变迁，经历了可怕的灾难，却一次又一次靠着自身的力量恢复到欣欣向荣、生机勃勃的状态。

当人类出现后，特别是人类活动进入工业革命时期，我们的家园有了翻天覆地的变化。一些曾经是动植物生存的地方变成了人类居住的村庄、城镇和都市。一些鱼儿洄游的河流上矗立起了它们难以逾越的大坝。数以万计的人工合成的化学物质进入到我们家园的天空、土壤、河流和海洋，

5

进入到我们家园每个成员的身体里。对于我们的美丽家园，这些化学物质完完全全是陌生的，没有谁会知道它们将给我们的家园带来怎样的命运。

人类数量的急剧增加是我们的家园出现的另一个巨大的变化。当今的地球上，恐怕难以找出第二种像人类这样拥有 50 多亿之众的大型哺乳类动物。从世界人口增长的速度，我们可以进一步看到这种变化对我们家园的影响和冲击。

在人类出现后的很长一段时期内，我们人口数量增加缓慢。人们认为，在公元元年，世界人口大约为 3 亿。自那时起一直保持到 18 世纪中叶，人口增至 8 亿。世界人口大约每 1500 年增加 1 倍。如果我们一直保持这样的增长率，那么，要到第四个 1000 年，即公元 3250 年，世界人口才达到 16 亿。然而，无情的事实是从 1800 年起，人口增长速度开始加快，到 1900 年，世界人口已达 17 亿。仅仅用了 150 年而不是 1500 年，人口就增加了 1 倍。到 1950 年，世界人口增至 25 亿。这一次人口倍增，用了不到 100 年的时间。而在 1950～1987 年短短的 37 年，人口又增加了 1 倍，达 50 亿。1991 年，全世界的人口超过 54 亿。2000 年，人口总数已达到 62.5 亿。在这个 20 世纪的最后 10 年中，世界增加的人口相当于一个印度——一个占世界人口第二位的国家。在公元元年后的第一个 1000 年中，世界人口稳定在 3 亿左右，而在第二个 1000 年中，猛增到了近 60 亿！罗伯特·里佩托曾作过这样的计算：如果世界人口按每年 1.67% 的年增长率继续增加，到 2667 年时，地球上除了南极洲以外，所有的陆地表面都会挤满人。如果冰冷的南极也能居住的话，也只能再为 7 年中增长的人口提供个立足之处！

如果世界真的是按罗伯特·里佩托所说的那样继续变化，我们的家园，我们富饶而美丽的家园，我们全人类的朋友——动植物共有的家园最终将会是什么样子？我们已经大概知晓了它从何处而来，我们还能把握它向何处而去吗？

共同的家园

如果我们按照施里达斯·拉夫尔的形象描绘，将几亿年的地质年代压缩为易于把握的时间尺度，用 1 年代表 5000 万年的话（姑且称为家园时间），我们就会清楚地看到人类在地球——我们这个家园中的位置。从太阳系形成开始到现在，家园时间为 92 年。在家园时间 32 年以后，地球之海才出现了最早的生命。又过了 50 年，当家园已经 84 岁时，最早的动植物才刚刚出现。在最后一次冰河期期间，也就是家园时间 8 小时以前，现代人类才开始在地球上繁衍。在此时，我们的家园已有 92 年的历史，而人类在其中却只生活了不到一天。当人类诞生时，家园里早已是一片富饶之地。到处是各种奇花异草，珍禽异兽。人类在这个生物的大家庭中不过是个新生的婴儿，是地球家园里的新成员。

但这个新生的婴儿却拥有着神奇的力量。他在数小时中发展了农业技术，大大地提高了家园支持生命的能力。在 5 分钟之前，他开始了工业革命，一次产生了奇妙的创造性和难以置信的破坏性的社会剧变。工业革命使居住在世界各地不同民族、不同肤色的人们彼此在空间上的距离大大缩小了。对于生活在中国的人来说，北美的加拿大、南太平洋的澳大利亚都已不再是遥远不可及的国度了。

随着全球经济的发展，人们在创造更加丰富的物质文明的过程中，也对我们的生存环境产生了前所未有的影响。

臭氧层耗竭，全球变暖并不只是影响一个或几个国家，而是影响全球；西欧和中欧发电厂排放的二氧化硫和氮氧化物既影响了挪威，也影响了瑞典；切尔诺贝利的核尘埃飘到了远在冰岛的农场；尼泊尔的森林砍伐导致了孟加拉的洪水泛滥；埃塞俄比亚森林砍伐造成了苏丹和埃及的供水短缺；北半球氯氟烃的排放增大了澳大利亚和阿根廷居民患皮肤癌的危险性；矿物燃料的燃烧和其他工业活动排出的气体引起全球气候变化。由此可见，国界可以将各个国家区分开，但却无法将共同的环境问题分隔开。

因此，环境问题——无论它是以全球的、越境的或国家的形式表现出来，归根结底是国际问题，它无法在一个国家的范围内全面地解决。

人类能够从全球角度看待并统一行动起来对待环境问题，是经过长期努力达成的共识。1972 年，联合国人类环境会议在瑞典的斯德哥尔摩召开，会议发表了人类环境宣言。这次会议是一个里程碑，它标志着全人类已将环境问题放到了全球议事日程上。各国代表首次集合在一起，研究地球的现状。它提高了全世界对污染的认识，并展开了关于环境参数的辩论。作为会议结果之一，在内罗毕设立了联合国环境规划署总部。1987 年，由任联合国世界环境与发展委员会主席的挪威首相格罗·哈莱姆·布伦特兰夫人提出了可持续发展理论："既满足当代人的需要，又不对后代人满足其需要的能力构成危害的发展。"1992 年 6 月，在巴西的里约热内卢首次召开由世界各国首脑参加的联合国环境与发展大会。会议通过并签署了一系列重要文件。

环境问题终于使人类走到了一起，因为我们毕竟只有一个地球，一个全人类共同的家园。

唯一的家园

茫茫宇宙，哪里有我们的地球生命的朋友；浩瀚星空，哪里有我们地球文明的知音？千百年来，人类一直没有放弃在这无边无际的宇宙中寻找其他生命形式的探索。

"嫦娥奔月"是中国古代的一个美丽传说。那时由于科学还不够发达，人们无法详细了解这个在太空中离我们最近的邻居。当中秋之夜，一轮皎洁的明月高悬在万里无云的天空。人们举头望月，看着上面依稀可辨的黑影，猜想那可能是月亮上的山或水，猜想月亮可能是仙人的居所。直到 17 世纪发明了望远镜以后，人们才真正开始了解宇宙。1969 年 7 月，美国宇航员尼尔·阿姆斯特朗从"阿波罗"11 号登月小艇上走下来，成为登上月球的第一个人。

经过科学探测，人们了解到月球是一个荒凉而寂静的世界。它没有大气层，不能像地球那样保持一定的温度，白天吸收太阳的辐射，温度高达115℃；而到了漆黑的夜晚，温度骤然下降到零下 160℃。月球上没有生物所需要的水，到处布满棕黑色尘土，根本没有生命的迹象。人们又把探索的目光投向与地球同属太阳系的其他星球。结果发现：水星——离太阳最近，它既无大气层，又无海洋，它那布满岩石的表面温度约有 350℃，不可能有生命；金星——表面覆盖着浓厚云层，所吸收的太阳能使金星成为太阳系中"热情"最高的行星，金星表面的温度高达 480℃；火星——曾经被寄予最大希望的行星，人们甚至构想出了"火星叔叔"的音容笑貌和他来到地球作客发生的故事。但迄今为止，探测的结果同样令人失望。火星是个干旱而寒冷的红色行星。它的表面也布满了岩石，最低温度大约为零下 222℃，最高温度 30℃，大气中二氧化碳占 95% 而氧气极少，经常刮着大风暴。它的两极覆盖着冰帽带和凝固气团。人们继续探测了木星、土星、天王星……都没有发现生命的迹象，人们还在执着地寻找着。天空探测器"旅行者"2 号在成功飞行十多年，向地球发回所拍摄到的大量行星照片后，于 1990 年，又踏上更为遥远的旅途，飞出了太阳系，飞向茫茫的宇宙……

到目前为止，我们只知道地球是太阳系中唯一拥有生命的星球。但宇宙中有千千万万个像太阳一样的恒星，其中许多都有自己的行星。那些星系上也可能和地球一样有生命存在。不过在太阳系以外距我们最近的恒星，也有 4 光年，即约 4×95000 亿千米之遥。如果我们假设在这颗恒星所统帅的某一行星上有和我们人类一样的智慧生物，那么，依现在科学发展的水平，当我们以光的速度对他们大声说"你好"，收到回答时就已过去了 8 年。

人类把目光重新移回到我们居住的可爱的地球。

鲁斯·坎贝尔说："我登上月球时最强烈的感受是对地球之爱弥深。"他认为地球不仅有值得夸耀的、冷热宜人的气温变化，而且有美妙的大气层；它有人人称赞的斜轴，造成了四季的变化；它自转一圈的速度为 24 小时，恰到好处（如果像土星一样，10 小时自转一次，那就要不断地上床起床了）；地球的重力虽说可使你在 1 米高跌下来也可能摔断腿，可房子却不会被风轻易吹走。

驾"太阳神"8 号太空舱绕月飞行的安德斯上校在接受电视采访时曾说过，他觉得最为惊奇的是地球的色彩和渺小。他说："我觉得大家应该同心协力，维护这个微小、美丽而脆弱的星球"，因为它是我们人类唯一的家园。

动物的王国

动物是多细胞真核生命体中的一大类群,称之为动物界。一般不能将无机物合成有机物,只能以有机物(植物、动物或微生物)为食料,因此具有与植物不同的形态结构和生理功能,以进行摄食、消化、吸收、呼吸、循环、排泄、感觉、运动和繁殖等生命活动。动物的分类动物学根据自然界动物的形态、身体内部构造、胚胎发育的特点、生理习性、生活的地理环境等特征,将特征相同或相似的动物归为同一类,成为脊索动物和无脊索动物两大类。

陆地上最大的动物——非洲大象

世界上的大象分两种,一种叫亚洲大象,一种叫非洲大象。亚洲大象也很大,一头足足有一台"解放牌"汽车重呢!但是,它在世界陆地上还不是最大的动物。那么,世界陆地上最大的动物是谁呢?是非洲大象。

一头非洲雄性大象,长到 15 岁左右的时候,它的身长就达到了 8 米以上,身高达到 4 米左右,体重达到 7~8 吨。

非洲象

非洲大象,同亚洲大象相比,其特点:不仅个大、体重,而且不论雄象、雌象都生长象牙,耳朵既大又圆。睡觉的时候,不像亚洲象站着睡,而是卧下睡,不然,它不能安然地进入梦乡。

非洲大象出生以后,哺乳期大约为 2 年的时间,长到 12～15 岁时才是"婚配"的年龄，24～26 岁时才停止长个子。

在陆地上的哺乳动物中，大象的怀孕期是比较长的，1．5～2 年才能生下小象。小象一落地，就有 1 米高、1000 千克重。在自然界里，象的繁殖率比较低，要相隔五六年的时间才生育一次。它们能活多长时间呢？在正常的情况下，其寿命可达 60 岁，有的可活到 100 岁的高龄。

非洲大象，喜欢群居。一般是 20～30 头为一群，多者可达百头。大象生活在一起，活动有一定的范围和路线，不乱跑乱走。出去找食，一般是在早晚时间。它们活动的时候，为了保护幼象，排成长长的大队：成年的雄象走在前头，任领队，幼象走在中间，成年的母象走在队伍的后头。

在陆地上的哺乳动物中，大象的嗅觉也是最灵敏的，可以与犬相比。但是，它比犬聪明，能帮助人类做很多很多的事。比如，运输物资啦，看小孩啦，守门啦，陪同主人出猎啦，还能在马戏团、杂技团里当敲鼓、吹号、杂耍"演员"。

据资料记载，大象还有它们自己的"坟墓"。当一头老象快死亡的时候，一些年壮的象就把它搀扶到"墓地"。老象见到"墓地"，便悲哀地倒下去。这时，它的后代用巨大、锋利、有力的牙掘出一个大大的墓坑，把老象的尸体埋葬进坟墓里，之后，洒泪而去。

最高的动物——长颈鹿

长颈鹿生长在非洲，它在目前世界上 4000 余种哺乳动物中是最高的动物。那么它高到什么程度呢？据赴非洲进行科学考察的动物学家实地测量，成年的雄性长颈鹿，身高一般都在 5 米以上，特别高的可达 6 米，雌性稍矮一些，但身高也有 5 米左右。它们的体重，一般都在 800 千克左右，特别重的能到 1 吨。1959 年从肯尼亚运到英格兰契斯特动物园饲养的名叫"乔治"的长颈鹿，在饲养人员给它测量身高时，已到 6 米以上。技术人员又量它的脖子，其长度竟超过了 3.5 米。所以，也有人叫它"长脖子"鹿。

长颈鹿的个头虽然这样高大，但是人们在森林中却不容易发现它们，这是为什么呢？因为长颈鹿的头小，身上又布满了网状块斑纹，在丛林和树荫下，就很难被发现。长颈鹿的脖子用处可多了：①觅食的工具。因为非洲的树大部分下边的枝叶很少，而且鲜枝嫩叶均长在树头部分。树的这种现象，是非洲雨季的洪水和旱季的大风造成的，这给一些食植物的动物带来了极大的不便。但对长颈鹿来说，却是再妙不过的了，它慢条斯理地走到树下，找好角度站稳后，它一昂起长脖子，伸出长舌头，就可以大口大口地吃到嘴里。②斗争的武器。野兽要生存，除靠皮毛的颜色隐蔽外，还要有自卫的战斗武器。有些动物的武器是利剑似的牙齿，有些动物

长颈鹿

是自己的长而坚硬的双角，长颈鹿的武器则是它那长长的脖子。它用那长脖子打仗是非常有趣的。如两只雄长颈鹿争一只雌鹿时，它们就用长脖子互相缠绕着撕杀、格斗，缠倒对方。几经搏斗，弱者被强者的脖子缠绕住，迫使弱者的头低到蹄子为止，真是"铁箍使头低，败者势如泥"。③观察敌情的"瞭望台"。非洲的野生动物特别多，其中有不少是肉食性的猛兽，这些猛兽对跑得慢的长颈鹿是很大威胁。但是，在对付这些猛兽时，长颈鹿的长脖子就起作用了。它吃饱以后，常常是站在树荫下休息。为了安全，它就高昂起小脑袋观察敌情，一发现有猛兽出现，它就立刻逃之夭夭。另外，在旱季到来时，水塘是成为一些动物的争夺之地。长颈鹿喝水时，也是先瞭望，后低头饮水。这样，为了保护自身不被猛兽吃掉，它的长脖子"瞭望台"起了大作用。

据科学家在 20 世纪 50 年代调查，生活在非洲的长颈鹿，大约有 10 个亚种以上。区分它们的亚种，是根据两个特点：一是皮毛的不同形状，二

是毛色的不同纹斑。其中，代表性的亚种是"东非长颈鹿"，它主要分布在非洲之东部和东北部。

长颈鹿同北方的驯鹿一样，也是雌雄都长角，不同的是雌鹿的角比雄鹿短一些，细一些。它们茸的营养价值与其他鹿茸相仿。

长颈鹿，多在春秋两季发情、交尾。母鹿怀孕期为 7~8 个月，每胎产一仔，也有极少数产双仔的。寿命 20 年左右。

长颈鹿的形象奇特，所以它是人们喜爱的珍贵观赏动物。

最香的动物——麝

麝，俗称香獐，形似鹿，但比鹿小，不长角，后腿比前腿长，尾巴短小，毛色有黑褐和灰褐两种。雄麝和雌麝的不同处是：雄麝的犬齿发达，露于嘴外，肚脐和生殖器中间有一个能分泌麝香的腺囊。

我国常见的麝有 3 种，即林麝、马麝、原麝。

（1）林麝，小巧玲珑，善于登高，攀山如箭，穿山如飞。而且它的警惕性高，一有风吹草动，马上隐蔽，所以，捕到它是很困难的。它的自然分布区主要在四川省西南部和西藏自治区东北部 2400~3800 米的高寒山区。

麝

（2）马麝是我国麝中的"大个子"，也是高山"居民"。它的生活地区在青海和西藏的 2000~4000 米的群山中。

（3）原麝体型中等，活动于不超过 2000 米的山区。主要分布于东北各省、内蒙古自治区、河北和安徽省的山区。

麝香是驰名世界的名贵中药材，具有芳香开窍、通经活络、活

13

血定痛、消炎解毒等特效功能。治疗中风偏瘫、痈疽肿毒、心血管病、跌打损伤以及喉炎等效果显著。在被誉为"中药三宝"的牛黄安宫丸、复方至宝丹、紫雪散中都有麝香的成分。

雄麝从香腺中分泌出香气，主要以此异香招引"新娘"。在秋高气爽的傍晚，雄麝昂头健步，攀上山岩，顺风站立，将充满香液的生殖器张开，香气便像炊烟似的弥散于林间，雌麝在 1500 米以外即能闻到。而后，雌麝就扑香而来。有人风趣地说，麝的婚姻是香为媒。雌麝的怀孕期为 5~6 个月，一般在翌年的 5 月下旬或 6 月初产子。每胎一仔，偶尔也有产双仔的，但只能成活一仔。麝的寿命较短，只有 10 年左右。

麝有一个致命的弱点——胆子小，一有动静，就很快隐没于林丛之中，它一生都是在心惊胆战之中度过的。麝还有一个特性：有固定的活动、觅食、休息区域，从不乱窜和互相侵占。如有猎人或大型食肉猛兽追捕，它们就暂时离开"住地"，危险一过，很快又潜回原栖息之所。猎人和其他猛兽，往往利用麝这一特点而成功地捕捉住它们。

为有效地保护这一珍贵野生动物资源，我国从 1958 年已开始人工饲养。现在许多国家的科学家来我国访问，参观科学养麝。

最珍贵的动物——大熊猫

大熊猫是我国特产的一种稀有的珍贵动物。它的身长 1.33~1.67 米，短尾巴，四肢、两耳、眼圈黑褐色，其余部位雪白，毛粗厚耐寒，样子像熊，逗人喜爱，人们习惯叫它熊猫，也叫大熊猫和火猫熊，生活在我国西南地区高山中，食竹叶、竹笋。目前，它是全世界最珍贵的动物。

据资料记载，在距今 300 万年前，大熊猫普生世界各地；在 100 万年前，东南亚和我国东南沿海诸省都有大熊猫的足迹；后来，由于自然条件的变化，大熊猫的生活环境越来越小，现在它们生活的地域只有我国的秦岭一带了。具体一点儿说，分布点只有四川阿坝藏族自治州汶川县境内的卧龙自然保护区和甘肃省甘南藏族自治州的文县王朗自然保护区。这两个自然保护区，地处北纬 35°，东经 105°一带。卧龙自然保护区的面积为 20

万公顷。在这两个自然保护区里，有不足 1000 只大熊猫。

秦岭地区的气候特点是冬天不太冷，夏天不太热，年平均气温在 10℃ 左右。这里箭竹、冷箭竹茂密，水源丰富，为大熊猫提供了天然的"粮食"。大熊猫的主食是各种箭竹，特别喜欢吃冷箭竹，因为这种竹子甜脆、多汁。它们偶尔也吃竹鼠，换换胃口。

大熊猫成熟得较慢。幼兽出生时，体重仅有 90～130 克重，身长只有 10 厘米，尾长为当时身长的 1/3，不能睁眼，全身呈肉红色，只有极为稀疏的白色胎毛；1 周过

大熊猫

后，耳朵及双眼的周围开始出现微黑；1 个月后毛色便变得与成年大熊猫大致相同了；50 天左右时，双眼能睁开一点缝；2 个月后能看到跟前的东西，以后视力逐步提高；6～7 个月后，乳牙长齐，开始艰难地自由行走，同时，能啃一些嫩竹；4～5 年后，脱离母亲，独立生活；6～7 年后发育成熟。春季发情，交尾后雌雄分离，母兽怀孕期半年左右，秋季产仔。除野生大熊猫外，我国的一些较大的动物园里，饲养有大熊猫 50 只左右。另外，北京动物园人工授精繁殖大熊猫已获成功。

大熊猫的经济和科学研究价值极高，是各国极受欢迎的野生动物。

动物园和动物表演中最受欢迎的动物也是熊猫。据悉国外动物园中存活的大熊猫仅有 14 只，最大的大熊猫动物保护区是四川汶川县的卧龙动物保护区，面积 20 万公顷。区内有中国保护大熊猫研究中心和熊猫饲养繁殖中心。第一次用人工授精繁殖成功的大熊猫叫元晶。1978 年 4 月，北京动物园的科技人员给 4 只雌性熊猫进行了人工授精，只有一只 8 岁的熊猫娟娟受孕，138 天（9 月 8 日）后，娟娟产下一胎 2 仔，仅 1 仔存活，取名元晶。

这也是世界范围内人工授精成功的第一只大熊猫。"元晶"出生时体重 125 克，7 个月后体重达 25 千克。第一只人工育活的大熊猫叫"争争"。1983 年 9 月北京动物园人工授精成功产下了雄性大熊猫"争争"，因其母患病死去，不得不改为人工饲养。1984 年 4 月"争争"已由出生时的 200 克长至 18 千克，体长由 18.4 厘米长至 90 厘米，人工育活的"争争"也创了个世界第一。最顽皮的大熊猫名字很好听，叫"白雪公主"。1994 年 9 月 7 日被送至苏州郊区上方山国家森林公园展出，9 月 16 日下午她扒开铁笼逃上山。苏州各方组织上千人上山搜索，4 次发现她的踪迹都没有逮住，12 月 5 日终于被"抓回"。

最聪明的动物——黑猩猩

许多科学家经过长期考察和测验，现在生活在赤道非洲区域里的 5～6 个亚种的黑猩猩，是目前世界上 4000 多种哺乳动物中仅次于人类的最聪明

的野生动物。它大脑的大小虽然只有 400 毫米，而大猩猩有 500 毫米。但是，它的脑功能却特别显著。

对黑猩猩的聪明智慧和黑猩猩"社会"进行过系统调查的是英国的珍妮·古多尔。珍妮是英国猿类动物学教授、黑猩猩专家。她为了研究黑猩猩，在非洲同黑猩猩一起生活了 20 来年。珍妮 1960 年中学毕业时仅 18 岁，因强烈的兴趣和好奇心所驱使，她通过当时坦桑尼亚自然博物馆馆长路易斯·利基的

黑猩猩

关系，深入到非洲的热带雨林中，在那儿工作了 20 多年，并在那儿结婚，生孩子，在她近 40 岁时，还仍然同她的丈夫——电影摄影师雨果，生活在

热带非洲。他们拍了很多介绍黑猩猩的电影，珍妮还写了很多关于黑猩猩的著作。

据珍妮介绍，黑猩猩是按地区分为种群的。在坦桑尼亚贡贝地区的卡撒开拉热带雨林里有一个黑猩猩种群，这一群黑猩猩大约有60只，占领的地盘大约有8平方千米。其中有一位首领，成年的雄黑猩猩和雌黑猩猩各有七八只，其余均为幼仔。在20来年的时间里，这群黑猩猩三易首领。起初的首领叫"白胡子大卫"，后来换上"戈利亚"当首领，最后得到王位的是"马利克"。黑猩猩社会基本上是母系制的。一只母黑猩猩领两三只幼仔为一个家族，在大的种群中又以家族分为小群，它们是"群婚制"。黑猩猩主要吃植物，特别喜欢吃热带雨林中无花果树上结的浆果，有时也吃肉。老母黑猩猩还特别喜欢吃蚂蚁，有一只40多岁的老母黑猩猩，叫"莱洛"，它专门用草棍"钓"蚂蚁吃。黑猩猩会简单地制造工具，如树枝杈多，它可以掰去；石块大，它打成小块；草棍上叶多，它可以用手撸掉等等。

黑猩猩常常进行战争。据珍妮说，1970年在贡贝地区的黑猩猩群体不知是什么原因，有7只雄猩猩和3只雌猩猩带着它们的后代移居到南部的加哈玛地区的原始森林里去了。到1977年，南方和北方的群体不断进行"战争"。当年北方群落中的5只雄猩猩共同抱住了南方群体1只雄猩猩，把它打成重伤，被打伤的那只雄猩猩不久死去。一个月后，南方群体中的又一头黑猩猩落入北方3只雄黑猩猩之手，被它们撕打后，不几天也一命归天。后来，加上病死的，南方群体只剩下一只雄兽了。此后不久，这一只唯一的雄兽又被北方的强手打断了一条腿，没过几天也见"上帝"去了。就这样，北方征服了南方，结束了几年的"南北战争"。

经过训练，黑猩猩能做简单的劳动，如搬凳子，洗衣服，拿自己用的碗筷，用钥匙开门，划火柴给人点烟，拧开啤酒瓶盖等。一些国家的动物学家还教会一些黑猩猩用符号、手势说话。如20世纪60年代美国一科学家就教会了她饲养的名叫"沃肖"的黑猩猩用手势说132句话，黑猩猩不仅能接受科学家对它们智力的科学训练，而且也能充当杂技团、马戏团的演员，其精彩表演往往博得观众喝彩。

黑猩猩的自然分布区域很狭窄，共五六个亚种，基本上分布于非洲的尼日利亚、扎伊尔、坦桑尼亚等国。

黑猩猩的生殖情况，与其他两种猩猩相差无几。据珍妮几十年观察，黑猩猩是群婚制的动物，在不是一个母系，不是一个家族的性别不同的成兽之间互相交配，但在母与子、父与女、弟与姊、兄与妹之间从来不发生性来往。在一个大的种群里的家族之间是通婚的。黑猩猩的性成熟期，基本上与人类相差不多。幼兽生下后，哺乳期2～3年。在"婴儿"断奶后母兽才再发情，基本上每隔1个月来一次"月经"，受孕后"月经"即断，妊娠期为几个月，每胎生一仔，但偶尔也有生两仔的。生一胎后，需再过3～5年才能生第二胎。幼兽9～14年发育成熟（雌兽早于雄兽）。雌猩猩长到9岁，就可以同别的家族的雄兽成家了。雄兽到12～14岁时也可以到不同母系的家族中"求婚"。黑猩猩的自然寿命为45年左右。

奔跑最快的动物——猎豹

在四条腿的动物中，跑得最快的是猎豹，可以说是绝对"冠军"。

猎豹为什么能跑得这样快呢？有2个因素：①它的身型是前高后矮，腰特别细长，前腿细高，裆宽，后腿细长，而且弯度还大，胸阔，肺大，鼻孔粗，呼吸量大，四只蹄子下有很厚的肉垫，这是它能狂奔疾跑的先天条件。②它捕食猎物的方式所决定。猎豹在现代动物学上属哺乳纲，裂足食肉目中的猫科动物。现代猫科中的大型食肉类动物，如老虎、雄狮以及其他豹类等，它们扑食的方式是站在高处远眺，发现猎物时，抄近路疾走；当与目标相距一定的距离时，便伏下，悄悄地接近目标；

猎豹

18

在距猎物5～15米时，它又潜伏下来，稍事休息，而后大吼一声扑向目标。在猎物不知所措时，猛地一口咬住猎物的咽喉，任凭猎物反抗、挣扎，也死咬住不松口。待猎物因喉管或大动脉被咬断而死它才松口，而后将猎物拖向洞旁或隐蔽处吃掉。猎豹则与这些猫科动物扑食的方式不同，它只要在500米的距离内发现目标，便穷追不放，而且它越跑速度越快。有的动物学家形容它起跑时像出膛的炮弹一般，"嗖"地一下就不见了。在非洲考察野生动物的科学家说，清晨和傍晚，常常看到猎豹腾云驾雾一般追击猎物。但是，他们看到的只是腾起的灰尘、细砂构成的尘雾，却看不见猎豹和它追击的目标。当考察者飞车追到时，看到的则是猎豹吃剩的残骸，却不见猎豹的去向了。

猎豹奔跑的速度，动物学家作过较为准确的科学测定。在非洲草原上，它长距离的奔跑，能跑60～70千米/小时；短距离就更快，可达130～140千米/小时，比一般汽车快多了；如果在丛林地带奔跑，它的速度要慢一些。

猎豹大部分生活在非洲原野。据说，现在非洲只有大约1万头猎豹了。目前生活在非洲的猎豹大约有3个亚种，亚洲有1个亚种。亚洲的亚种主要分布在印度、伊朗等地。

最凶猛的食肉动物——藏獒

西藏獒犬，体重70～95千克，身高超过70厘米，原产中国西藏，也有人说其祖先是马士提夫犬。但事实是该犬种目前仍散居在靠近尼泊尔的西藏高原境内，而且一直为当地居民守护着家畜及村落。西藏獒犬属大型犬，长相头部大而方，额面较宽，黑黄色的眼睛，耳末端稍圆低垂，耳部被毛短而柔顺。体格强健，四肢发达，尾巴高扬并卷曲于背上。颜色以黑为多，也有黄色、白色、青色和灰色等。性格刚毅忠诚，凶猛有力，善于攻击敌人。听见其震撼的吼吠声，熊和豹都会避其三分。马可波罗曾形容该犬是"拥有如骡般的高大体魄与如狮子般雄壮的声音之犬"。西藏獒犬因体型大，需要较大的活动空间和运动量，脾气暴躁，不适宜一般家庭饲养。

成吉思汗横扫欧洲的时候就有一支由20000只藏獒组成的先锋队，令敌

藏 獒

人闻风丧胆。自此，藏獒闻名于世。

至于为什么养藏獒而不养狼，是因为狼的天性不容易驯服，天生的具有排外特性。一只藏獒你从小喂到大，它会对你百依百顺，而狼你就是每天请它吃海鲜，也一样不会任你摆布。

藏獒与虎豹狮一样，其格斗捕杀特点为：猛扑上来，用嘴和利牙直接封喉，封喉后就死咬住不松口，直到对方毙命。普通犬类的攻击一般是咬对方的腹部和腿。20世纪70年代西藏边防工团的张副团长就曾亲眼看见一只大藏獒在2分钟内，就将一匹部队战马的喉管咬断毙命，这就是直接封喉。中国古代，很多从边疆返朝的武将、王孙公侯都将藏獒携往京城做护院之用，或者作为朝贡胜品。藏獒在欧洲古罗马时代的斗技场中，因其能与虎豹狮等凶猛野兽搏斗，而驰名世界。另外，藏獒虽然对敌人如此凶狠，可它对自己的主人却非常地忠诚与温顺。对敌兽的凶狠，也正体现出了藏獒对主人的忠心。

最臭的动物——美洲臭鼬

一些弱小的动物，有捍卫自己安全与生命的奇特本领。美洲的臭鼬，就是靠它放臭气的本领驱逐"敌人"的。当它遇到"敌人"或者发现"敌人"追捕时，立即抢占上风头放臭气。这一招很灵，能转危为安，化险为夷，百战百胜。

臭鼬很小，像哈巴狗。身子细长，四肢短小，唇上长须，毛有黄褐色、棕色、灰色等。出奇的是，它的尾巴却很粗大。它放臭气时，就把粗大的尾巴翘了起来。

美洲臭鼬，一般生活在浅山、半山区和草原地带的深处。夜间出洞捕食鸟类、蛙类和小型哺乳动物，白天躲在洞里睡大觉。当它出洞觅食与大型食肉性动物遭遇时，它即以迅雷不及掩耳之势跑出 100 米左右，抢到上风头或高冈处，傲慢地停在那里，把蓬松松的长而粗大的尾巴高高举起，从肛门里放臭气。臭气极其难闻，在 500 米之内能熏倒猎人，臭跑猎狗。在 200～300

美洲臭鼬

米的距离内，任何凶猛的动物不敢接近。它施放的这种气体沾到人所穿的衣服上，很难洗掉其臭味。它就是凭着这种本事生存和横行无阻的。

最大的海洋动物——蓝鲸

鲸生活在海洋里，有 90 多种。其中，蓝鲸最大。如果把世界上的整个动物比做羊群的话，它就是羊群里的骆驼！再打个比方：一条成年的蓝鲸，它的体积足足有三间房子大哩。啊，真是个庞然大物！

为了具体地看出它的大小，让我们用尺把它量量、使称把它称称吧。它有多长呢？嘿，长达 40 米！它有多重呢？呀，重到 130 吨！据说，还有超过这个重量的呢。

我们还可以把它解剖开，分别看看它各个部位的重量：肉五六十吨，脂肪二三十吨，骨二十多吨，内脏（肠、肚、心、肝、肺）三四吨，舌头三四吨，血也有好几吨呢。

蓝鲸，又名剃刀鲸。因为它的个头太大，只在深海生活，很少游向近海或浅海。在一年之中，它在南半球海域生活半年，在北半球海域生活半年。据说，它最喜欢在南极洲附近的海域生活。什么原因呢？这里有大量的，它最喜欢吃的鳞虾及其他浮游生物。

你看怪不怪？这样的庞然大物，却专吃个体小的东西，由于它个大，吃的东西又小，所以它一次能吃很多很多。科学家考察证明，它一口能吸进肚子里几十吨海水，其中有一两吨鳞虾和其他浮游生物。它把嘴一闭，就把海水从嘴边的须片空隙及鼻腔上边的两个大排气孔中排出去了。

蓝 鲸

蓝鲸也生儿育女。生养方式是很奇特的。在春暖花开的季节里，雄、雌蓝鲸，在南极的浅海域追逐、求爱。雌鲸怀孕期 12 个月（也有长达 24 个月的）。分娩时，"夫妻"双双由深海游向温暖浅海湾，算是住进"产院"。到达时，雌鲸肚皮朝上仰浮在海面上，雄鲸守在"爱妻"的身旁，用自己的鳍轻轻地、不停地拍打着"妻子"的腹部。雌鲸几经阵痛之后，"婴儿"就出世了。小鲸一离母腹，身长就有 3 米，体重就达 2 吨，就能跟随父母旅游了。7 个月以后，雌鲸才为小鲸断奶；60 个月以后，也就是 5 年以后，小鲸长大"成人"了，它便告别"母亲"，游向他乡，去寻找情投意合的伴侣去了。

鲸是我们人类社会的珍贵自然资源。鲸脂肪，可以提炼工业生产使用的多种规格的润滑油、医用鱼肝油和高级香料；鲸肉，可以制罐头和禽类的高级饲料；鲸皮，可以制革；鲸须，是制作高级工艺品的贵重原料；鲸骨，可以制成高效有机肥料，使粮食增产。

植物的世界

大约 30 亿年前，地球上就已出现了植物。最初的植物，结构极为简单，种类也很贫乏，并且都生活在水域中。经过数亿年的漫长岁月，有些植物从水中转移到陆地上生活。陆地上的环境条件不同于水中，生活条件是多种多样的，而且变化很大。

比如说，植物在水中生活时，用身体的整个表面吸收养料，而在陆地上就需要专门的器官，一方面从土壤吸收水分和矿物质，另一方面从大气中吸收二氧化碳和氧气。

事实上，植物在进化的过程中，也不断地在与外界环境条件作斗争。环境不断在发生变化，植物的形态结构和生理功能也必然会跟着发生变化。

由于某些地理的阻碍而发生的地理隔离，如海洋、大片陆地、高山和沙漠等，使许多生物不能自由地从一个地区向另一个地区迁移，这样，就使在海洋东岸的种群跟西岸的种群隔离了。隔离使得不同的种群有机会在不同条件下积累不同的变异，由此出现了形态差异、生理差异、生态差异或染色体畸变等现象，从而实现了生殖隔离。在这样的情况下，新的种类就形成了。

在自然条件下，植物通过相互自然杂交或人类的长期培育，也使植物界不断产生新类型新品种。今天，在海洋、湖沼、南北极、温带、热带、酷热的荒漠、寒冷的高山等不同的生活环境中，我们到处都可以遇到各种不同的植物，它们的外部形态

植物的世界

23

和内部构造以及颜色、习性、繁殖能力等，都是极不同的。所有这些都表明植物对环境的适应具有多样性，因而形成了形形色色的不同种类的植物。

中国鸽子树——珙桐

珙桐，别名水梨子、鸽子树。属于蓝果树科，国家一级重点保护植物，是我国特产的单型属植物。分布于陕西镇坪，湖北神农架、兴山，湖南桑植，贵州松桃、梵净山，四川巫山、南川、平武、汶川、灌县，云南绥江等地的海拔为 1250～2200 米的区域。

珙 桐

珙桐高 10～20 米，树形高大挺拔，是一种很美丽的落叶乔木，世界上著名的观赏树种。每年四五月间，珙桐树盛开繁花，它的头状花序下有两枚大小不等的白色苞片，呈长圆形或卵圆形，长 6～15 厘米，宽 3～5 厘米，如白绫裁成，美丽奇特，好像白鸽舒展双翅；而它的头状花序像白鸽的头，因此珙桐有"中国鸽子树"的美称。珙桐树的木质结构细密，不易变形，切削容易，是木雕工艺的佳料。更重要的是，珙桐对研究古植物区系和系统发育均有重要的科学价值。珙桐树是 1869 年在我国发现的，因挖掘野生苗栽植及森林的砍伐破坏，目前数量较少，分布范围日益缩小，有被其他阔叶树种更替的危险。

大树杜鹃

大树杜鹃是一种原始而古老的植物类型，于 1919 年在云南腾冲县境内的高黎贡山海拔 2100～2400 米的原始森林中被首次发现，当时这株大树杜鹃年龄已超过 280 岁，树高达 25 米。

大树杜鹃是一种常绿大乔木，树高一般为 20 ~ 25 米，树茎部的最大直径达 3.3 米。褐色的树皮，剥落得左一片右一片，显得斑斑驳驳，饱经沧桑。小枝粗壮，上面被有短毛，叶子又厚又大，有椭圆形、长圆形和倒坡针形等形状。叶子下面被毛，长大后逐渐脱落。2 月开花，伞形花序。花的颜色为蔷薇色中并略微带紫的绚丽色彩，花萼为线裂的盘状，上面有小齿状裂纹。雄蕊 16 枚，极不等长，子房 16 室，上面也被绒毛。到了 10 月，它就结出长圆柱的木质蒴果，上面有棱，被有深褐色的绒毛。

大树杜鹃在分类上隶属于双子叶植物钢、杜鹃花目、杜鹃花科。杜鹃花科植物全世界共有 1300 多种，遍布于全球各地，但以亚热带山区为最多，我国有 700 多种，分布在全国各地，但以西南地区的山地森林中为多，所以这一地区被认为是世界杜鹃类植物的分布中心。杜鹃花不但位居我国三大著名自然野生名花——杜鹃花、报春花、龙胆花之首，也是当今世界上最著名的花卉之一。在全世界 800 多个品种中，我国就有 650 多个。不同种类的杜鹃高高矮矮相差很大，小的

大树杜鹃

种类身高不到 1 米，而大的种类如大树杜鹃，高达数十米。

由于大树杜鹃是如此地珍贵而稀少，所以被列为国家亚组合保护植物。

野生荔枝

荔枝被誉为"水果皇后"。我国是荔枝的故乡，也是栽培荔枝最早的国家。野生荔枝主要分布于海南崖县、陵小、昌江、保亭、东方、琼中等县

的坝王岭、猕猴岭、吊冒山、尖峰岭和广东雷州半岛的徐闻等地。

野生荔枝是一种常绿大乔木，最高可达 32 米，胸径 194 厘米，枝叶繁茂、生机盎然、树皮为棕褐色，并带有黄褐色的斑块，叶子为羽状复叶，互生，草质，椭圆状，全缘，上面为深绿色，下面粉绿色，嫩叶则呈线褐色。呈聚伞圆雌花序，绿白色的花朵较小。果通常为椭圆形或椭圆状球形，成熟时果皮为暗红色，上面具有小的瘤状体。种为椭圆形，种皮暗褐色，上面具有光泽，外面为白色的假种皮所包被。

野生荔枝

我国人工培育的荔枝树一般只有 5~10 米高，树皮光滑，叶片由红褐色变为暗绿色。花朵很小，淡绿中带几分白色，并不算鲜艳，但它的果实却特别引人注目。每到丰收时节累累果实挂满枝头，一穗穗，一串串，似翡翠，如玛瑙，诱人垂涎欲滴。剥开果壳，里面就露出了肥胖的半透明的肉球晶莹如雪，一滴滴地往外淌着甜水，吃上几颗，顿觉清凉酸甜，沁人心肺。

荔枝具有丰富的营养，是一种高级滋补果品，还有养血、消肿、开胃、益脾的药用价值，它的木材也被列入特等商品用材，纵横交错，结构致密，材质坚硬而重，少开裂，切面光滑，县有光泽，抗腐性强，可供制作上等家具、高级建筑的用材。

野生荔枝在分类上隶属双子叶植物纲、无患子目、无患子科。它被列为国家一级保护植物。

水 杉

在 40 多年前，所有的人都认为，水杉早已在地球上绝了种，只有通过古代地层中发掘的化石才能知道它的模样。

20世纪40年代初，我国学者于四川万县磨刀溪首次发现了几棵奇树，它们高达30多米，胸径7米多，根部庞大，树干笔直，苍劲参天，树龄已有400多年。当时由于缺乏资料，未能做出鉴定。1941年以后的两年间，人们根据这种树的枝叶，花和种子标本进行研究鉴定，定名为水杉。这是水杉属的孑遗，为我国所独有。

水杉是杉科落叶乔木，高30～40米，主干挺拔，侧枝横伸，南北向、东西向交替着生主干，下长上短，层层舒展，宛如塔尖。线形而扁平的叶子，分左右两侧着生在小枝上。叶子能够随季节更换而改变颜色：春天，叶色嫩绿；夏天，叶色翠绿，青绿可爱；秋天，叶色变黄，满峰披金；冬天，叶色变红，经霜更红，然后凋落。

水杉2月下旬开花，花为单性，雄雌同株，雄球花单生于2年生的枝顶或叶腋部，雄蕊约有20枚，交互对生。雌球花单生于2年生极的顶部，花县短柄，由22～28枚苞鳞和珠鳞组成，也是交互对生，各有5～9胚珠。受粉后生成近圆的球果。种子扁平成倒卵形。球果成熟时呈深褐色，成熟期为当年的11月。

水　杉

水杉不但是珍贵的活化石，树中佼佼者，而且还有很强的生命力和广泛的适应性，生长迅速，是优良的绿色树种。它的经济价值很高，它的木材是紫红色的，既细密又轻软，是造船、建筑、造纸和制作家具、农具的好材料。

水杉在分类上隶属裸子植物门、松柏纲、杉科。它是我国一级保护植物。

27

望天树

望天树不仅是热带雨林中最高的树木，也是我国最高大的阔叶乔木。我国主要分布于云南南部西双版纳的勐腊和东南部的河口、马关等县，以及广西西南部一带。

望天树是一种常绿大乔木高度在 60 米以上，胸径一般在 1.3 米左右，最大可达 3 米。主干浑圆通直，从地面向上直至 30 多米高处连一个细小的分枝也没有。它的树皮为褐色或深褐色。常绿的叶子为草质，互生，呈卵状椭圆形或披针状椭圆形，前端急剧变尖或逐步变尖，基部为圆形或宽楔形。叶上有羽状的脉纹，近于平行。叶的背面脉序突起，还有许多又细又密的茸毛。

望天树多生长在海拔 350～1100 米的山地峡谷，及两侧坡地上，分布区的面积仅有 20 平方千米。它的分布区位于热带季风气候区向南开口的河谷地区，全年都处于高温、高湿、静风、无霜的状态中。望天树喜欢生长在赤红壤、砂壤及石灰壤上，在云南有千果榄仁、番龙服等伴生，在广西有蚬木、顶果树、广西械等树木伴生。

望天树

望天树的树干通直，木材性质优良，非常坚硬，加工性能也好，而且不怕腐蚀，不怕病虫侵害，是优良的用材树种，也是制造，高级家具、乐器、桥梁等的理想材料。它的木材中还含有丰富的树胶，花中含有香料油，这些也都是重要的工业原料。

望天树在分类学上隶属双子叶植物纲、龙脑香科。由于望天树常常形成独立的群落类型和自然景观，所以可以看作热带雨林中的标志树种。望天树虽然高大，但结的果实却很少，再加上病虫害导致的落果现象十分严重，造成种子都落在地上，很快发芽或腐烂，寿命很短，不易采集，所以野外数量十分稀少，现已被列为国家一级保护植物。

核　桃

核桃又叫胡桃、羌桃，是一种很古老的栽培果树。核桃仁是著名的干果，与榛子、腰果、扁桃一起被誉为世界四大干果。我国不仅盛产核桃，而且是核桃的故乡。

核桃是胡桃科落叶乔木，高可达 30 米，树冠宽阔，枝叶繁茂。它的树皮为灰白色，但幼年时却是灰绿色，而且很光洁润滑，老年时则有很多浅浅的纵裂，小枝很粗。奇数羽状复叶，小叶 5～11个，长椭圆形，全缘。初夏开花，花单性，雌雄同株，柔荑花序下垂。核果椭圆形或球形，表面有两条纵横，

胡　桃

还布满了高高低低的花纹，种子富含油。

核桃产于我国黄河流域及以南地区，喜欢阳光充足的疏林，温和、潮湿的气息和深厚、疏松、肥沃、湿润的土壤，较耐寒冷和干旱，但不耐湿热和盐碱，也不耐庇荫，在郁闭度较高的林下，幼苗极小，生长较差。在天然分布区内，它们生长于海拔 1400～1700 米的中、低山带的阴坡下部或峡谷底部。

核桃自古以来，被视作难得的补品，除含大量脂肪、蛋白质等外，还含钙、磷、铁、碘、胡萝卜素、硫胺素、尼克酸和其他维生素，种仁、果

隔、果皮、树叶都可作药用。中医学上用作温肺、补肾药，它性温味甘，主治虚寒喘咳、肾虚腰痛等症。除此之外，核核木材质坚韧，光滑美观，不翘不裂，是很好的硬木材料，能做高级家具以及武器和交通工具等的木质部分。核桃树皮能提取栲胶、树皮和外果皮能提取单宁，树根可做染料，就连坚硬的碎果壳也能在工业上大显神通，用它制造的活性炭可以吸附各种有毒物质，是防毒面具中不可缺少的材料。

核桃在分类上属于双子叶植物纲、胡核目、胡桃科。它被列为我国一级保护植物。由于乱砍滥伐等人类经济活动的破坏，核桃的野生分布区的面积日渐缩小，已经处于濒临绝灭的境地。

雪 莲

天山位于我国西北边疆，海拔高度一般在 4000 米以上，主峰博格达峰高达 5445 米，山顶常年白雪皑皑，分外壮观。雪莲是天山的著名植物，喜生于高山陡岩、砾石和沙质潮湿处的雪山附近，故名雪莲。

雪莲属于多年生的草本植物，地面以上的植株很矮，仅有 15～24 厘米高。到了每年 7 月的开花季节，雪莲就在茎的顶端生出一个大而鲜艳的花盘，周围有淡黄色半球状大苞叶围成一圈。花朵的整体看上去就和水生的荷花差不多，在皑皑白雪的衬托下，更显得异常美丽动人。而当云雪笼罩之时，它又悄悄地合了起来。雪莲的花香袭人，顺风时香味可以飘到几十米远。开花之后不久的 8 月，雪莲就迅速地结出了长有纵肋的长圆形瘦果。它们有长长的根系，可充足地吸收养分和水分；它们身上的白色绒毛可防寒保温，还能

天山雪莲

反射高山强烈的紫外线以减少对它们的损伤。

　　雪莲在高山严酷的条件下，生长非常缓慢，要至少 4～5 年后才能开花结果。不过，由于生长期短，它能在较短的时间内迅速发芽、生长、开花和结果，这也是它们长期适应环境的结果。

　　雪莲是一种名贵药材，它的整个植标晒干后都可以入药，中医认为雪莲性温、味微苦、具有散寒除湿、活血通筋、强筋助阳、抗炎镇痛等功能，民间用以治疗肺寒咳嗽，肾虚腰痛、月经不调、麻疹不适、跌打损伤，以及风湿性关节炎、贫血、阳痿、高山不适应等疾病。

　　雪莲可以用种子繁殖，但种子成熟时，高热寒地区已经开始下雪，给采集种子带来麻烦，而且雪莲种子的发芽率低、繁殖不易、生长缓慢，人工栽培较难。

　　植物学界正研究进行人工繁殖，以获得各种有用的产品。

夏蜡梅

　　夏蜡梅的分布区极为狭窄，仅分布于浙江省临安县西部一带。

夏腊梅

夏蜡梅属于落叶灌木，高 1～3 米。树上有大枝和小枝，大枝呈二歧状，小枝则相对而生。一年生的嫩枝是黄绿色的，到了第二年就变成了灰褐色，冬天时树芽被叶柄的基部所包裹。树叶呈椭圆形，单叶对生，全缘，无托叶夏蜡梅的叶子在每年的 10 月下旬即开始陆续脱落，一直到第二年的 3 月下旬至 4 月上旬才又重新生长。

夏蜡梅是蜡梅中比较特殊的一个种，与其家族隆冬腊月开花的大多数成员不同，到每年 5 月中，下旬的初夏季节才开放花朵。夏蜡梅的花一般先叶而开放，单独生长于嫩枝的顶端，花朵洁白硕大，花为单生，两性，花萼呈花瓣状，花被片为多数，雄蕊 18～19 枚，着生于肉质花托顶部，花丝极短；心皮为多数，离生，着生于壶形花托内，子房上位，每室 1～2 胚珠，夏蜡梅的花期也很长，花朵一直持续到开放到 6 月上旬才逐渐凋谢。9 月下旬至 10 月上旬是果实成熟的季节，每个聚合果都有一个近顶端收缩的像小编钟一样的果托，里面盛有一个瘦瘦的椭圆形褐色果实，扁平或有棱，挂满枝头，随风摇曳，成为珍贵的观赏树木。

夏蜡梅喜爱生长于海拔 600～1100 米的山坡或溪谷中的亚热带局部常绿阔叶林或常绿、落叶阔叶混交林下，它属于较为耐阴的树种，气候凉爽而湿润，在强烈的阳光下会生长不良，甚至枯萎，它也不耐干旱与瘠薄，但比较耐寒，特别喜欢生长在有较多山间溪流的以甜槠、木荷、钱青柳等为优势种的山谷林地中。

夏蜡梅在分类上隶属于双子叶植物纲、蜡梅科。它的花大而美丽，具有较高的观赏价值，被列为国家一级保护植物。由于森林砍伐，生境渐趋恶化，分布区日渐缩小，因此必须进一步加强保护工作，以免使它陷入濒危状态。

丰富的矿产资源

金　矿

世界上的黄金宝藏，主要以岩金和沙金两种形态蕴藏于地下，此外还有伴生金。天体运行、地球形成、火山爆发、造山运动、岩浆喷涌、金元素从地核中被夹带喷薄而出等形成岩金；富含金元素的崇山峻岭，在日照风化、雷鸣电闪、狂风暴雨、山体滑坡、泥石俱下、洪水泛滥、河流稳水地段沉淀等形成沙金。

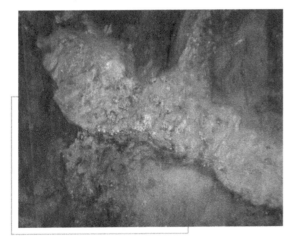

金　矿

据科学的测定与推断，大约在 26 亿年前的太古代，火山喷发把大量的金元素从地核中沿着裂隙带到地幔和地壳中来，后经海洋沉积和区域变质作用，形成最初的金矿源。大约在 1 亿年前的中生代，因受强大力的作用，地壳变形褶，褶露出海面，金物质活化迁移富集，形成金矿田，即我们所说的岩金。

在岩金富集地带，岩石氧化后往往留下许多自然金。地表浅层的岩金，经过数千万年的风化与剥蚀，岩石变为沙土。因金的性质稳定，因而被解离为单体，在河水的搬运过程中，又因其比重大，因而在河流的稳水处沉积下来，于是形成沙金矿。同时由于沙金具有亲和力，在河水的搬运过程中由小滚大，形成大小不等的颗粒金。迄今为止，人类发现的最大的金块重达 280 千克，它产于美国的加利福尼亚州。

33

大自然变迁中形成的黄金矿床，大致可划分为3大类：岩金矿床、沙金矿床和伴生金矿床。在世界上，岩金、伴生金和沙金的储量比例，大约为70∶15∶15。其中，岩金矿床，又可划分为若干成因类：岩浆热液型、变质热液型、火山热液型、沉积变质型、热水溶滤型和变质砾岩型等。

各种类型的金矿床，在世界总储量中所占的比例，依次为：变质砾岩型56.2%，变质热液型12.4%，伴生金9.5%，沙金8.9%，岩浆热液型及火山热液型7%，热水溶滤型0.9%。

从全球范围来看，按金矿产出的大地构造单元来分，又可分为四类：地盾成矿区、地台及边缘成矿区、地槽褶皱带成矿区和环太平洋成矿带。其中，产于地盾的金储量，占世界总储量的25.6278%；古地台盖层局部中生代活化区，占11.3%；优地槽区，占12.915.6%；冒地槽区，占11.2%；而古地台盖构造区，则占47.7%。

铁 矿

铁是从铁矿石里提炼出来的。根据目前的冶炼水平，这些矿石中铁的含量最少也要在20%～30%以上。在地壳中，铁的含量约为5%，这是对构成地壳的岩石进行化学分析得到的平均数字。如果根据坠落到地球上的陨石的化学成分推测，铁在整个地球的含量约占35%。在地球内部铁是很多的，构成地核的物质更几乎全部是铁和铁元素。但是由于开采技术的限制，这些铁我们无法利用，目前只能开采地壳中的离地面很近的浅层的铁矿。

地壳中铁的平均含量不高，铁元素必须得在某些地方集中起来，才能形成铁矿。铁又是怎样集中起来的呢？

分散在各处含有铁的岩石，经过日晒雨淋的作用，风化崩解，里面的铁也被氧化，这些氧化铁溶解或悬浮在水中，随着水的流动，被带到比较平静的水里聚集起来，它们逐渐沉淀堆积在水下，成为铁比较集中的矿层；在整个聚集过程中，许多生物，如某些细菌起着积极的作用。世界上90%左右的大铁矿都经过这样的聚集过程，主要是在距今5亿～6亿年以前古老的地质历史时期中形成的。铁矿层形成后，再经过多次变化，譬如地壳中

铁 矿

的高温高压作用，有时还有含矿物质多的热液参加进来，使这些沉积而成的铁矿或含铁较多的岩石变质，造成规模很大的铁矿；这些经过变质的铁矿或含铁较多的岩石，还可以再经过风化，把铁进一步集中起来，造成含铁量很高的富铁矿。

还有些铁矿是岩浆活动造成的。岩浆在地下或地面附近冷却凝结时，可以分离出铁矿物，并在一定的部位集中起来；岩浆与周围岩石接触时，在条件合适的时候，也可以相互作用，发生变化，形成铁矿。

世界上重要的铁矿，主要是在地球历史上最古老的时期形成的，如在25亿~35亿年前的太古代、6亿~25亿年前的元古代和3.5亿~4.1亿年前的泥盆纪。这不仅因为形成铁矿需要很长时期，还因为那段时期地壳较薄，地层断裂深而且多，火山喷发也很频繁，因此，随着岩浆的喷发，也把藏在地幔深处的含铁量高的岩浆大量喷发出来，这使地球深部的铁较多地迁移到地壳中来，给形成大规模的铁矿创造了条件。

海底石油

从海岸向外，到深海大洋区之间的区域，人们称它为大陆边缘地区。

这里有水深不到 200 米的大陆架浅水区，还有大陆架到深海之间的一段陡坡，水深 200～3000 米，称为"大陆坡"。经过近百年的海上石油勘探，人们发现在大陆架浅水区蕴藏着丰富的油气资源，而且在大陆坡，甚至在小型的海洋盆地等深水海域也都找到了藏油的证据。据调查，海底石油约有 1350 亿吨，占世界可开采石油储量的 45%。举世闻名的波斯湾是世界上海底石油储量最丰富的地区之一。在我国的南海、东海、黄海和渤海湾，也都先后发现了油田。海底石油资源如此丰富，那么它是如何来的呢？要搞清这个问题，还得从几千万年甚至上亿年前的历史地质时期谈起。

在漫长的历史地质时期中，地球上的气候，有的时期比现在温暖湿润，有的时期比现在寒冷干燥。在温暖湿润的地质时期，由于大陆架浅水区气候温和，阳光充足，光线能够透过浅浅的水层照射到海底，加上江河里带来大量的营养物质，水质肥沃，海洋藻类生物在这里大量繁殖。同时，海洋中的鱼类、软体类动物以及其他浮游生物也在这里群集，迅速繁殖。这些生物死亡后，遗体随同江河夹带来的泥沙一起沉积在海底，形成所谓的"有机淤泥"。这样，年复一年，大量的生物遗体和泥沙组成的有机淤泥被一层一层掩埋起来。由于这些地层因某种原因不断下降，有机淤泥越积越

海底石油

厚，越埋越深，最后与外面的空气相隔绝，造成一个缺氧的环境，加上深层处温度和压力的作用，厌氧细菌便把有机质分解，最后形成了石油。不过，这时形成的石油还只是分散的油滴。

在地层下，分散的油滴需寻找"藏身之地"。由于气候的变迁，海洋中形成的沉积物有时候颗粒较粗，颗粒间孔隙较大，便形成了砂岩、砾岩；有时候颗粒较细，颗粒间孔隙很小，于是形成页岩、泥岩。在上覆地层的压力作用下，这些分散的油滴被"挤"向多孔隙的砂岩层，成为储积石油的地层；而孔隙很小的页岩层，由于油滴无法"挤"进去，储积不了石油，却成了防止石油逃逸的"保护层"。

石油储积在砂岩层中还不具备开采价值，还需经过一个地质构造变形过程，使分散的石油集中在构造的一定部位，这样才能成为可开采的油田。这个过程大致为：原来接近水平的岩层由于受到各种压力的作用而发生变形，形成波浪起伏的形状，向上突起的叫背斜构造，向下弯曲的叫向斜构造；有的岩层经过挤压，形成像馒头一样的隆起，叫穹隆构造。在岩层受到巨大压力而变形的同时，含油层中比重小的石油由于受到下部地下水的浮托，向向斜构造岩层或穹隆构造岩层的顶部汇集，这时石油位于上部，而处在中间、下部的则是水。具有这种构造的岩层就像一个大脸盆，把汇集的石油保存起来，成为储藏石油的大"仓库"，在地质学上叫做"储油构造"，这才有真正的开采价值。

天然气

天然气与石油生成过程既有联系又有区别：石油主要形成于深成作用阶段，由催化裂解作用引起，而天然气的形成则贯穿于成岩、深成、后成直至变质作用的始终；与石油的生成相比，无论是原始物质还是生成环境，天然气的生成都更广泛、更迅速、更容易，各种类型的有机质都可形成天然气——腐泥型有机质则既生油又生气，腐植型有机质主要生成气态烃。因此天然气的成因是多种多样的。归纳起来，天然气的成因可分为生物成因气、油型气和煤型气。

天然气主要成分为甲烷，通常占 85% ~ 95%；其次为乙烷、丙烷、丁烷等。它是优质燃料和化工原料。其中伴生气通常是原油的挥发性部分，以气的形式存在于含油层之上，凡有原油的地层中都有，只是油、气量比例不同。即使在同一油田中的石油和天然气来源也不一定相同。他们由不同的途径和经不同的过程汇集于相同的岩石储集层中。若为非伴生气，则与液态集聚无关，可能产生于植物物质。世界天然气产量中，主要是气田气和油田气。对煤层气的开采，现已日益受到重视。

中国沉积岩分布面积广，陆相盆地多，形成优越的多种天然气储藏的地质条件。根据 1993 年全国天然气远景资源量的预测，中国天然气总资源量达 38 万亿立方米，陆上天然气主要分布在中部和西部地区，分别占陆上资源量的 43.2% 和 39.0%。中国天然气资源的层系分布以新生界第三系和古生界地层

天然气井

为主，在总资源量中，新生界占 37.3%，中生界占 11.1%，上古生界占 25.5%，下古生界占 26.1%。天然气资源的成因类型是，高成熟的裂解气和煤层气占主导地位，分别占总资源量的 28.3% 和 20.6%，油田伴生气占 18.8%，煤层吸附气占 27.6%，生物气占 4.7%。

煤

煤是由植物残骸经过复杂的生物化学作用和物理化学作用转变而成的。这个转变过程叫做植物的成煤作用。一般认为，成煤过程分为两个阶段：泥炭化阶段和煤化阶段。前者主要是生物化学过程，后者是物理化学过程。

在泥炭化阶段，植物残骸既分解又化合，最后形成泥炭或腐泥。泥炭

和腐泥都含有大量的腐植酸，其组成和植物的组成已经有很大的不同。

煤化阶段包含两个连续的过程：

第一个过程，在地热和压力的作用下，泥炭层发生压实、失水、肢体老化、硬结等各种变化而成为褐煤。褐煤的密度比泥炭大，在组成上也发生了显著的变化，碳含量相对增加，腐植酸含量减少，氧含量也减少。因为煤是一种有机岩，所以这个过程又叫做成岩作用。

第二个过程，褐煤转变为烟煤和无烟煤的过程。在这个过程中煤的性质发生变化，所以这个过程又叫做变质作用。地壳继续下沉，褐煤的覆盖层也随之加厚。在地热和静压力的作用下，褐煤继续经受着物理化学变化而被压实、失水。其内部组成、结构和性质都进一步发

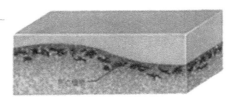

新生长的植物

煤的形成示意图

生变化。这个过程就是褐煤变成烟煤的变质作用。烟煤比褐煤碳含量增高，氧含量减少，腐植酸在烟煤中已经不存在了。烟煤继续进行着变质作用。由低变质程度向高变质程度变化。从而出现了低变质程度的长焰烟、气煤，中等变质程度的肥煤、焦煤和高变质程度的瘦煤、贫煤。它们之间的碳含量也随着变质程度的加深而增大。

温度对于在成煤过程中的化学反应有决定性的作用。随着地层加深，地温升高，煤的变质程度就逐渐加深。高温作用的时间愈长，煤的变质程度愈高，反之亦然。在温度和时间的同时作用下，煤的变质过程基本上是化学变化过程。在其变化过程中所进行的化学反应是多种多样的，包括脱水、脱羧、脱甲烷、脱氧和缩聚等。

压力也是煤形成过程中的一个重要因素。随着煤化过程中气体的析出和压力的增高，反应速度会愈来愈慢，但却能促成煤化过程中煤质物理结构的变化，能够减少低变质程度煤的孔隙率、水分和增加密度。

　　当地球处于不同地质年代，随着气候和地理环境的改变，生物也在不断地发展和演化。就植物而言，从无生命一直发展到被子植物。这些植物在相应的地质年代中造成了大量的煤。在整个地质年代中，全球范围内有3个大的成煤期：

　　（1）古生代的石炭纪和二叠纪，成煤植物主要是袍子植物。主要煤种为烟煤和无烟煤。

　　（2）中生代的株罗纪和白垩纪，成煤植物主要是裸子植物。主要煤种为褐煤和烟煤。

40

　　（3）新生代的第三纪，成煤植物主要是被子植物。主要煤种为褐煤，其次为泥炭，也有部分为年轻烟煤。

逐渐被破坏的大自然

无休止的砍伐

森林对人类生存的影响，虽然不像粮食和水那样，一旦缺少就会很快致命，但森林作为一种"调节剂"，却在诸多方面影响着人类的生存环境，制约着人类的安危，主要表现在以下方面：

（1）森林是空气的净化物。随着工矿企业的迅猛发展和人类生活用矿物燃料的剧增，受污染的空气中混杂着一定含量的有害气体，威胁着人类，其中二氧化硫就是分布广、危害大的有害气体。凡生物都有吸收二氧化硫的本领，但吸收速度和能力是不同的。植物叶面积巨大，吸收二氧化硫要比其他物种大得多。据测定，森林中空气的二氧化硫要比空旷地少 15% ~ 50%。若是在高温高湿的夏季，随着林木旺盛的生理活动功能，森林吸收二氧化硫的速度还会加快。相对湿度在 85% 以上，森林吸收二氧化硫的速度是相对湿度 15% 的 5 ~ 10 倍。

（2）森林有自然防疫作用。树木能分泌出杀伤力很强的杀菌素，杀死空气中的病菌和微生物，对人类有一定保健作用。有人曾对不同环境、立方米空气中含菌量作过测定：在人群流动的公园为 1000 个，街道闹市区为 3 万 ~ 4 万个，而在林区仅有 55 个。另外，树木分泌出的杀菌素数量也是相当可观的。例如，1 公顷桧柏林每天能分泌出 30 千克杀菌素，可杀死白喉、结核、痢疾等病菌。

（3）森林是天然制氧厂。氧气是人类维持生命的基本条件，人体每时每刻都要呼吸氧气，排出二氧化碳。一个健康的人两三天不吃不喝不会致命，而短暂的几分钟缺氧就会死亡，这是人所共知的常识。文献记载，一个人要生存，每天需要吸进 0.8 千克氧气，排出 0.9 千克二氧化碳。森林在生长过程中要吸收大量二氧化碳，放出氧气。据研究测定，树木每吸收 44 克的二氧化碳，就能排放出 32 克氧气；树木的叶子通过光合作用产生 1 克葡萄糖，就能消耗 2500 升空气中所含有的全部二氧化碳。照理论计算，森林每生长 1 立方米木材，可吸收大气中的二氧化碳约 850 千克。若是树木生长旺季，1 公顷的阔叶林，每天能吸收 1 吨二氧化碳，制造生产出 750 千克氧气。资料介绍，10 平方米的森林或 25 平方米的草地就能把一个人呼吸出的二氧化碳全部吸收，供给所需氧气。诚然，林木在夜间也有吸收氧气排出二氧化碳的特性，但因白天吸进二氧化碳量很大，差不多是夜晚的 20 倍，相比之下夜间的副作用就很小了。就全球来说，森林绿地每年为人类处理近千亿吨二氧化碳，为空气提供 60% 的净洁氧气。

（4）森林是天然的消声器。噪声对人类的危害随着工厂、交通运输业的发展越来越严重，特别是城镇尤为突出。据研究结果，噪声在 50 分贝以下，对人没有什麽影响；当噪声达到 70 分贝，对人就会有明显危害；如果噪声超出 90 分贝，人就无法持久工作了。森林作为天然的消声器有着很好的防噪声效果。实验测得，公园或片林可降低噪声 5 ~ 40 分贝，比离声源同距离的空旷地自然衰减效果多 5 ~ 25 分贝；汽车高音喇叭在穿过 40 米宽的草坪、灌木、乔木组成的多层次林带，噪声可以消减 10 ~ 20 分贝，比空旷地的自然衰减效果多 4 ~ 8 分贝。城市街道上种树，也可消减噪声 7 ~ 10 分贝。要使消声有好的效果，在城里，最少要有宽 6 米（林冠）、高 10.5 米的林带，林带不应离声源太远，一般以 6 ~ 15 米为宜。

（5）森林对气候有调节作用。森林浓密的树冠在夏季能吸收和散射、反射掉一部分太阳辐射能，减少地面增温。冬季森林叶子虽大都凋零，但密集的枝干仍能削减吹过地面的风速，使空气流量减少，起到保温保湿作用。据测定，夏季森林里气温比城市空阔地低 2℃ ~ 4℃，相对湿度则高 15% ~ 25%，比柏油混凝土的水泥路面气温要低 10℃ ~ 20℃。由于林木根系深入地下，源源不断地吸取深层土壤里的水分供树木蒸腾，使林区正常形成雾气，增加了降水。通过分析对比，林区比无林区年降水量多 10% ~ 30%。国外报道，要使森林发挥对自然环境的保护作用，其绿化覆盖率要占总面积的 25% 以上。

（6）森林改变低空气流，有防止风沙和减轻洪灾、涵养水源的作用。由于森林树干、枝叶的阻挡和摩擦消耗，进入林区风速会明显减弱。据资料介绍，夏季浓密树冠可减弱风速，最多可减少 50%。风在入林前 200 米以外，风速变化不大；过林之后，要经过 500 ~ 1000 米才能恢复过林前的速度。人类便利用森林的这一功能造林治沙。

森林地表枯枝落叶腐烂层不断增多，形成较厚的腐质层，具有很强的吸水、延缓径流、削弱洪峰的功能。另外，树冠对雨水有截流作用，能减少雨水对地面的冲击力，保持水土。据计算，林冠能阻截 10% ~ 20% 的降水，其中大部分蒸发到大气中，余下的降落到地面或沿树干渗透到土壤中成为地下水。

（7）森林有除尘和对污水的过滤作用。工业发展、排放的烟灰、粉尘、废气严重污染着空气，威胁人类健康。高大树木叶片上的褶皱、茸毛及从气孔中分泌出的粘性油脂、汁浆能粘截到大量微尘，有明显阻挡、过滤和吸附作用。据资料记载，每平方米的云杉，每天可吸滞粉尘 8.14 克，松林为 9.86

森林的遭遇

克，榆树林为 3.39 克。一般来说，林区大气中飘尘浓度比非森林地区低 10%～25%。另外，森林对污水净化能力也极强，据国外研究介绍，污水穿过 40 米左右的林地，水中细菌含量大致可减少一半，而后随着流经林地距离的增大，污水中的细菌数量最多时可减至 90% 以上。随着人类的进化，森林不断被砍伐。人类需要木材，需要土地，需要更多的生存空间。原始森林越来越少，很多地方的森林已完全消失。人类在依靠土地获取食物时，森林变成了良田，而在人类进一步发展的过程中，一代代人向土地攫取着更多的居住空间。于是，各类建筑纷至沓来，向天空、向地下、向海洋、向原本属于其他物种的居住领地开拓进取。良田逐渐被水泥地所覆盖，原本幽静的林间也不断为人类所侵占。

　　目前由于人类过度砍伐森林特别是热带雨林，致使生物的生境丧失，再加之生物资源的过度开发、环境污染、全球气候变化以及工业、农业的影响，生物种类正在急剧减少，现在每天以 100～200 种的速度消失。据专

被砍伐的林木

家估计，在今后的 20～30 年中将有 1/4 的物种消失，这对人类生存和发展构成巨大的潜在威胁。

贪婪的开垦

开垦是指把荒地垦植成耕地。耕地指种植农作物的土地，包括熟地，新开发、复垦、整理地，休闲地（含轮歇地、轮作地）；以种植农作物（含蔬菜）为主，间有零星果树、桑树或其他树木的土地；平均每年能保证收获一季的已垦滩地和海涂。耕地中包括南方宽度＜1米、北方宽度＜2米固定的沟、渠、路和地坎（埂）；临时种植药材、草皮、花卉、苗木等的耕地，以及其他临时改变用途的耕地。

贪婪的开垦

近年来随着人口增长及人类对食物的需要增加导致过度开垦，从而影响生态环境，造成水土流失、荒漠化。

我国土地的过度开垦

在全球范围内，大片的肥沃黑土仅存在于乌克兰、北美洲密西西比河流域和我国东北。而作为中国的商品粮主要输出地，东北地区更肩负着解决中国人温饱问题的重任。但是，按照目前的流失速度，东北黑土地将在30～50年后消失。长远来看，保护黑土不仅是对自然资源的保护，更将直接关乎我国今后的粮食安全。

在20世纪二三十年代，由于过度毁草开荒、破坏地表植被，水土流失严重，美国和乌克兰相继发生破坏性极强的"黑风暴"。1928 年，"黑风暴"几乎席卷了乌克兰整个地区，一些地方的土层被毁坏了 5～12 厘米，最严重的达 20 多厘米。在美国，1934 年的一场"黑风暴"就卷走 3 亿立方米黑土，当年小麦减产 51 亿千克，举国震惊。

国家于 2003 年至 2005 年，实施了东北黑土区水土流失综合治理试点工程，给黑龙江省投入 6229.89 万元，吉林省 1605 万，通过其他渠道还有一些投资，给辽宁、内蒙古都有一些投资。近几年又进一步加大了投资的力度，但这一切并没有完全阻止水土流失的继续。

过度的放牧

中国七大草原

呼伦贝尔东部草原

呼伦贝尔市位于内蒙古自治区的东部，地处东经 115°31′～126°04′，北纬 47°05′～53°20′，辖世界著名大草原——呼伦贝尔大草原和富有森林自然宝库之称的大兴安岭于一体，北以额尔古纳河为界与俄罗斯接壤，西同蒙古国交界。总面积 25 万平方千米，国境线长达 1723 千米。如果把祖国的版图比作啼晨报晓的雄鸡，那么呼伦贝尔就是雄鸡冠上的一颗明珠。

呼伦贝尔总人口 269.6998 万，是中国北方少数民族和游牧民族的发祥地之一，是多民族聚居区。蒙古、达斡尔、鄂温克、鄂伦春、汉等 35 个民族在这里和睦聚居，这里的许多少数民族仍保留和继承着各自的文化遗风和生活习俗。浩瀚森林覆盖着的大兴安岭由北向南，纵贯于中部，成为呼伦贝尔东西部的天然分界线。东侧是黑土平原——松嫩平原，西侧是著名草原之一的呼伦贝尔大草原。呼伦贝尔大草原广袤无垠，未受污染，被称之为"绿色净土"，也被人誉之为"北国碧玉"。以牧草为主的植物多达

1300 余种，形成了不同特色的植被群落景观。大兴安岭林海无边无际，风姿隽秀。地面拥有 3000 多条河流，500 多个湖泊，栖息着 400 多种兽类和禽类。地下则蕴藏着 40 余种矿产。

伊犁草原

无论是声名在外的那拉提，还是后起之秀的唐布拉，抑或是传统的牧场巩乃斯，伊犁草原均展现出超然绝美的气质与外表。伊犁河谷是如此的卓尔不群，逶迤千里，生机无限。

那拉提草原位于新疆维吾尔自治区新源县东部，即新源县那拉提镇境内。那拉提意为"最先见到太阳的地方"。

那拉提草原地处楚鲁特山北坡，发育于第三纪古洪积层上的中山地草场，东南接那拉提高岭，势如屏障。西北沿巩乃斯河上游谷地断落，地势大面积倾斜，山泉密布，溪流纵横。

沿山脚冲沟深切，河道交错，森林茂密。那拉提年降水量可达 800 毫米，有利于牧草的生长，载畜量很高。在历史上，那拉提草原就有"鹿苑"之称。这里也是巩乃斯草原的重要夏牧场。

那拉提草原系亚高山草甸植物。中生杂草与禾草构成植株高达 50～60 厘米，覆盖度可达 75%～90%。仲春时节，草高花旺，碧茵似锦，极为美丽。这里还生长着茂盛的细茎鸢尾群系山地草甸。

锡林郭勒草原

位于内蒙古自治区锡林浩特市境内，面积 107.86 万公顷，1985 年经内蒙古自治区人民政府批准建立，1987 年被联合国教科文组织接纳为国际生物圈保护区网络成员，1997 年晋升为国家级，主要保护对象为草甸草原、典型草原、沙地疏林草原和河谷湿地生态系统。

锡林郭勒草原是我国境内最有代表性的丛生禾草枣根茎禾草（针茅、羊草）温性真草原，也是欧亚大陆草原区亚洲东部草原亚区保存比较完整的原生草原部分。保护区内生态环境类型独特，具有草原生物群落的基本特征，并能全面反映内蒙古高原典型草原生态系统的结构和生态过程。目前，区内已发现有种子植物 74 科、299 属、658 种，苔藓植物 73 种，大型真菌 46 种，其中药用植物 426 种，优良牧草 116 种。保护区内分布的野生动物反映了蒙古高原区系特点，哺乳动物有黄羊、狼、狐等 33 种，鸟类有 76 种。其中国家一级保护野生动物有丹顶鹤、白鹳、大鸨、玉带海雕等 5 种，国家二级保护野生动物有大天鹅、草原雕、黄羊等 21 种。本区是目前我国最大的草原与草甸生态系统类型的自然保护区，在草原生物多样性的保护方面占有重要的空间位置和明显的国际影响。

鄂尔多斯大草原

鄂尔多斯草原最吸引人的当属独特的自然风光，同时并存有大面积的草原和沙漠，以及上千个大小湖泊。在零星散落的蒙古包映衬下，天空纯净明亮、草地辽阔壮丽、空气清新、牛羊成群，对久居都市的人来说，这一切都是那么遥远而亲切。鄂尔多斯草原，正是镶嵌在这片广阔而神奇的土地上的一颗璀璨明珠！

2003 年，内蒙古宏胜达建筑公司着手调研、策划、论证，准备兴建鄂尔多斯草原旅游区，经杭锦旗及锡尼镇人民政府批准，2004 年 3 月开始正式兴建，同年 8 月初正式交付运营，短短两年，鄂尔多斯草原旅游区不仅已经成为享誉中外的特色旅游景区，并且给当地居民带来了无限福音。到目前为止，该景区用于牧民补贴、征地、修路、大本营建设及配套设施、广告宣传、旅游促销、员工培训等共投入资金 2000 多万元，资金来源全部为企业自筹。鄂尔多斯以其独特的地理位置、神奇的传说和一句"鄂尔多斯温暖全世界"的广告语誉满全球。鄂尔多斯草原以其宽阔的胸怀、一望无际的自然属性和蓝天。绿草、白云、羊群的优美意境吸引了无数中外游客。"天苍苍，野茫茫，风吹草低见牛羊"是鄂尔多斯草原的真实写照。

川西高寒草原

这里所说的川西包括了雅安及西边的甘孜藏族自治州，是一条民族迁徙的走廊，也是自古以来汉藏彝等民族交流通商的要道所在地，也是世人寻找的香格里拉核心区。在2002年出版的《香格里拉之旅》曾为康定取了一个名字叫香格里拉之门，进了康定，香格里拉就不再遥远。

川西高原与成都平原的分界线便是今雅安的邛崃山脉，山脉以西便是川西高原，二郎山两边虽相隔数十千米却有着大相径庭的气候，很多时候东面阴雨绵绵而二郎山以西却是丽日晴天。如果要深入体验康藏文化与风情，那最好是去到关外，所谓关外是康巴人对于自然地理的一个表述，也就是出康定往北翻过高高的折多山便是到了关外。关外是更为雄奇俊美的天地，草原辽阔，雪山高耸，牧歌悠扬，蓝天下是盛开的喜悦的心灵之花。

那曲高寒草原

那曲地区位于西藏自治区北部，北与新疆维吾尔自治区和青海省交界，东邻昌都地区，南接拉萨、林芝、日喀则三地市，西与阿里地区相连。

那曲藏语意为"黑河"；整个地区在唐古拉山脉、念青唐古拉山脉和冈底斯山脉怀抱之中，西边的达尔果雪山，东边的布吉雪山，形似两头猛狮，守护着这块宝地。这片总面积达40多万平方千米的土地，就是人们常说的羌塘。整个地形呈西高东低倾斜，西高，中平，东低，平均海拔在4500米以上。中西部地形辽阔平坦，多丘陵盆地，湖泊星罗棋布，河流纵横其间。东部属河谷地带，多高山峡谷，是藏北仅有的农作物产区，并有少量的森林资源和灌木草场，其海拔高度在3500～4500米之间，气候好于中西部。

祁连山草原

祁连山自然保护区地处甘肃、青海两省交界处，东起乌鞘岭的松山，西到当金山口，北临河西走廊，南靠柴达木盆地。祁连山是由一系列平行排列的山岭和谷地组成，一般海拔3000～5000米，主峰海拔5547米。因受高原寒冷气候的影响，祁连山在海拔4200米以上的高山地带，终年积雪，形成的冰川达 2859 条，总面积 1972.5 平方千米。冰雪融化成为羊河、黑河、疏勒河三大水系、56 条内陆河流的源头。年径流量 72.6 亿立方米，是河西人民赖以生存的命脉，是这里经济文化繁荣的基本保证。

祁连山自然保护区位于武威、张掖两地区和金昌市部分地区，东西长 1200 多千米，南北宽 120 千米，总面积 2653000 公顷。主要保护对象是祁连山水源涵养林、草原植被。区内有高等植物 1044 种，水源涵养林主要树种是青海云杉、祁连圆柏，以及零星的山杨和桦木；灌木主要有金露梅、箭叶锦鸡儿、吉拉柳等。林地面积约 11.1 万公顷，森林覆盖率较低，但是在整个干旱区域内，却显得异常重要和珍贵。正是由于祁连山森林的存在，才使得冰川融水及降雨蓄存下来，缓慢地补给江河，起了调节径流、削减山洪、保证年径流量相对稳定的作用。对水源林的重要作用，古人早有清楚的认识，把它概括为"雪山千仞，松杉万本，保持水土，涵源吐流"。

过度的放牧导致草原沙漠化

我国七大草原虽然壮丽富饶，但原现状却不容乐观。随着人类活动的不断扩张，无节制地放牧，生态环境受到日益严重的破坏，草原以空前的速度退化，沙漠化的趋势正从各个方向向人类生命区推进。沙漠化正成为一个举世瞩目的环境问题，引起越来越多人的担忧。全球每年沙漠化土地达 600 万公顷，受沙漠化威胁的土地面积达 3800 多万平方千米。据联合国环境署估计，全球共有 8.5 亿人正被沙漠化困扰。

过度的放牧

土地的掠夺性使用

当清朝学者翟灏在200多年前提出"但存方寸地留与子孙耕"这句警世名言时，中国这块土地上才仅仅有2亿多人口。如今，在仿佛法术般呼唤出来的15多亿人口的中国大地上，这种呼声愈发震耳发聩。

人类生存需要良好的环境，而在诸多环境要素中，土地是主要构成要素，是人们安身立命之本。然而，长期以来人们对土地的掠夺性使用，使得土地形势越发严峻。目前，世界人均耕地接近5亩（1亩≈666.67平方米），我国则不足1.4亩。"地大物博"已被"人多地少"所代替。这是基本国情。

前些年，这基本国情并没有被人们所重视，滥占乱用浪费土地问题相当严重。据资料统计，我国建国以来累计减少的耕地面积相当于1个法国，2个英国，3.5个日本。仅1986年一年就减少耕地2400万亩，相当于一个福建省的耕地面积。

我们脚下的这块土地资源是有限的。随着改革开放的深入发展和人民生活水平的提高，国家建设用地、农民建房用地、乡镇企业用地、三资企业用地等需求量越来越大，土地矛盾也越来越尖锐。如果不严加管理，恐将难糊口。

工业三废的"污染"

"工业三废"是指工业生产所排放的废水、废渣、废气。

"工业三废"中含有多种有毒、有害物质，若不经妥善处理，如未达到规定的排放标准而排放到环境（大气、水域、土壤）中，超过环境自净能力的容许量，就对环境产生了污染，破坏生态平衡和自然资源，影响工农业生产和人民健康，污染物在环境中发生物理的和化学的变化后就又产生了新的物质。好多都是对人的健康有危害的。这些物质通过不同的途径（呼吸道、消化道、皮肤）进入人的体内，有的直接产生危害，有的还有蓄积作用，会更加严重地危害人的健康。不同物质会有不同影响。

废气如二氧化碳、二硫化碳、硫化氢、氟化物、氮氧化物、氯、氯化氢、一氧化碳、硫酸（雾）、铅、汞、铍化物、烟尘及生产性粉尘，排入大气，会污染空气。

废水排入江河湖海，会导致水质败坏，破坏水产资源和影响生活和生产用水。

废 气

工业废渣会破坏环境卫生，污染水和空气等。

污染指水、空气、土壤等各项生态因素在受到人类生产和生活过程中产生的化学物质、放射性物质、病原体、噪声以及废热等的污染达到一定程度时，危害人体健康，影响生物体正常活动的现象。三废不加处理排入环境后，三废中的汞金属可以生成甲基汞，毒性增大，通过食物链进入鱼体，人吃鱼，汞在人体内积累中毒。日本九州南部水俣镇人民受害1万多人，发病180人，死亡50多人，以后汞积累引起的疾病叫"水俣病"。另外三废中的镉，在人体中积累以后，会破坏骨胳中钙的代谢，肾受损，骨疼难忍，最后骨软化萎缩，自然骨折，一般人体从摄入镉到发病需经10～30年，所以应提倡工农业生产中无废料生产或少废料生产，推广循环使用工艺。如回收造纸业中烧碱，就相当于我国年产烧碱的1/3。回收炼焦的煤气可达30亿立方米，相当于北京煤气量的10倍。

工业废渣

温室气体的排放

温室气体包括二氧化碳、甲烷、氧化亚氮、氢氟碳化物、全氟碳化物、六氟化硫等。燃烧化石燃料、农业和畜牧业、垃圾处理等等都会向大气中排放温室气体。目前大气中二氧化碳浓度达到了 379ppmv（百万分之一），是地球历史上 65 万年以来的最高值。过去 10 年中大气二氧化碳浓度以 1.8ppmv/年的速度增长。

温室效应，又称"花房效应"，是大气保温效应的俗称。大气能使太阳短波辐射到达地面，但地表向外放出的长波热辐射线却被大气吸收，这样就使地表与低层大气温度增高，因其作用类似于栽培农作物的温室，故名温室效应。如果大气不存在这种效应，那么地表温度将会下降约 3℃ 或更多。反之，若温室效应不断加强，全球温度也必将逐年持续升高。自工业革命以来，人类向大气中排入的二氧化碳等吸热性强的温室气体逐年增加，大气的温室效应也随之增强，已引起全球气候变暖等一系列严重问题，引起了全世界各国的关注。

由环境污染引起的温室效应是指地球表面变热的现象。

温室效应主要是由于现代化工业社会过多燃烧煤炭、石油和天然气，这些燃料燃烧后放出大量的二氧化碳气体进入大气造成的。

二氧化碳气体具有吸热和隔热的功能。它在大气中增多的结果是

温室气体的排放

形成一种无形的玻璃罩，使太阳辐射到地球上的热量无法向外层空间发散，其结果是地球表面变热起来。因此，二氧化碳也被称为温室气体。

温室气体有效地吸收地球表面、大气本身相同气体和云所发射出的红外辐射。大气辐射向所有方向发射，包括向下方的地球表面的放射。温室气体则将热量捕获于地面——对流层系统之内。这被称为"自然温室效应"。大气辐射与其气体排放的温度水平强烈耦合。在对流层中，温度一般随高度的增加而降低。从某一高度射向空间的红外辐射一般产生于平均温度在零下19℃的高度，并通过太阳辐射的收入来平衡，从而使地球表面的温度能保持在平均14℃。温室气体浓度的增加导致大气对红外辐射不透明性能力的增强，从而引起由温度较低、高度较高处向空间发射有效辐射。这就造成了一种辐射强迫，这种不平衡只能通过地面——对流层系统温度的升高来补偿。这就是"增强的温室效应"。

臭氧层的破坏

大气臭氧层主要有三个作用。其一为保护作用，臭氧层能够吸收太阳光中的波长 306.3 微米以下的紫外线，主要是一部分 UV—B（波长 290 ~ 300 微米）和全部的 UV—C（波长 < 290 微米），保护地球上的人类和动植物免遭短波紫外线的伤害。只有长波紫外线 UV–A 和少量的中波紫外线 UV–B 能够辐射到地面，长波紫外线对生物细胞的伤害要比中波紫外线轻微得多。所以臭氧层犹如一把保护伞保护地球上的生物得以生存繁衍。其二为加热作用，臭氧吸收太阳光中的紫外线并将其转换为热能加热大气，由于这种作用大气温度结构在高度 50 千米左右有一个峰，地球上空 15 ~ 50 千米存在着升温层。正是由于存在着臭氧才有平流层的存在。而地球以外的星球因不存在臭氧和氧气，所以也就不存在平流层。大气的温度结构对于大气的循环具有重要的影响，这一现象的起因也来自臭氧的高度分布。其三为温室气体的作用，在对流层上部和平流层底部，即在气温很低的这一高度，臭氧的作用同样非常重要。如果这一高度的臭氧减少，则会产生使地面气温下降的动力。因此，臭氧的高度分布及变化是极其重要的。

臭氧是无色气体，有特殊臭味，因此而得名"臭氧"。由太阳飞出的带电粒子进入大气层，使氧分子裂变成氧原子，而部分氧原子与氧分子重新结合成臭氧分子。距地面 15 ~ 50 千米高度的大气平流层，集中了地球上约 90% 的臭氧，这就是"臭氧层"。

地球上的一切生物离开太阳光就没有生命。太阳光是由可见光、紫外线、红外线三部分组成。进入大气层的太阳光（包括紫外线）有 55% 可穿过大气层照射到大地与海洋，其中 40% 为可见光，它是绿色植物光合作用的动力；5% 是波长 100 ~ 400 纳米的紫外线，而紫外线又分为长波、中波、短波紫外线，长波紫外线能够杀菌。但是波长为 200 ~ 315 纳米的中短波紫外线对人体和生物有害。当它穿过平流层时，绝大部分被臭氧层吸收。因此，臭氧层就成为地球一道天然屏障，使地球上的生命免遭强烈的紫外线伤害。然而，近10多年来，地球上的臭氧层正在遭到破坏。

人类制造了大量会破坏臭氧层的物质，使地球南北极的臭氧层受到破坏。臭氧层被大量损耗后，吸收紫外辐射的能力大大减弱，导致到达地球表面的紫外线 B 明显增加，给人类健康和生态环境带来多方面的的危害，目前已受到人们普遍关注的主要有对人体健康、陆生植物、水生生态系统、生物化学循环、材料、以及对流层大气组成和空气质量等方面的影响。

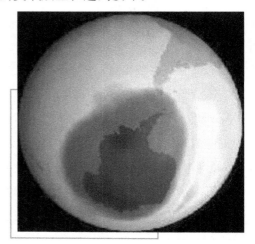

臭氧层空洞

过多地使用氯氟烃类化学物质是破坏臭氧层的主要原因。氯氟烃是一种人造化学物质，1930 年由美国的杜邦公司投入生产。在第二次世界大战后，尤其是进入 20 世纪 60 年以后，开始大量使用，主要用作气溶胶、制冷剂、发泡剂、化工溶剂等。另外，哈龙类物质（用于灭火器）、氮氧化物也会造成臭氧层的损耗。

在平流层内离地面 20～30 千米的地方是臭氧的集中层带，在这个臭氧层中存在着氧原子（O）、氧分子（O_2）和臭氧（O_3）的动态平衡。但是氮氧化物、氯、溴等活性物质及其他活性基团会破坏这个平衡，使其向着臭氧分解的方向转移。而氯氟烃物质的非同寻常的稳定性使其在大气同温层中很容易聚集起来，其影响将持续 1 个世纪或更长的时间。在强烈的紫外辐射作用下，它们光解出氯原子和溴原子，成为破坏臭氧的催化剂（一个氯原子可以破坏 10 万个臭氧分子）。

56

生物多样性的减少

随着世界人口的迅速增长及人类经济活动的不断加剧，由此带来的环境和生态问题日益严峻：人类正面临人口膨胀、环境退化、生物多样性枯竭、能源匮乏、粮食短缺等世界性难题，解决这些难题与人类对生物多样性的保护和持续利用有非常密切的关系；事实上，与其他全球性环境问题相比，生物多样性的减少和丧失更加引人注目，因为生物多样性具有极大的价值，而物种的灭绝是不可逆转的：生物多样性的保护与持续利用是当今国际上生态学的研究热点之一，也已成为人类与环境领域的中心议题。

生物多样性是人类赖以生存的基础，它不仅提供了人类生存不可缺少的生物资源，也构成了人类生存的生物圈环境。但是，无论是在小国还是在世界范围内，生物多样性正受到严重威胁：生态系统类型减少，物种数量下降，基因多样性降低。因此，生物多样性保护已迫在眉睫。

生物多样性之所以成为当前的热门话题，主要有两个原因：

①人类重新认识到生物多样性的价值。

②生物多样性的丧失已经威胁到人类的持续生存。为了人类的生存和发展，必须充分认识生物多样性对人类的重要价值，减少人类活动对生物多样性的破坏，在加强保护的前提下合理开发和持续利用生物多样性，这是关系到人类生存与发展的当务之急。中国既是生物多样性特别丰富的国家，又是生物多样性受到严重破坏的国家之一，对生物

生态平衡

多样性的认识和保护尤为重要。本章将依次介绍生物多样性及生物多样性科学、生物多样性的价值、生物多样性下降及其原因、生物多样性保护现状及措施。

什么是生物多样性

"生物多样性"的概念，当今虽已被广泛使用于普通媒体和科学刊物，却还没有一个严格、统一的定义。1986年，美国有关单位主办了一次生物多样性论坛。此后哈佛大学著名生物学家、生物多样性最早倡导者之一威尔逊于1988年将会议论文整理成里程碑式的巨著——《生物多样性》，首次正式提

生物多样性

出"生物多样性"概念。经过修改和补充，现在被普遍接受的定义是：生物多样性是生物及其与环境形成的生态复合体以及与此相关的各种生态过程的总和，包括动物、植物、微生物和它们所拥有的基因以及它们与其生存环境形成的复杂的生态系统。生物多样性是生物进化的原因及结果。生物进化的历史证明，随着地球环境的变化，地球上不断有新物种产生，也不断有不适应环境的物种被淘汰。因此，生物多样性是不断变化着的。

生物多样性等级

多样性是生命系统的基本特征，生命系统是一个等级系统，包括多个层次或水平——基因、细胞、组织、器官、种群、群落、生态系统、景观。每一个等级或层次都具有丰富的变化，即都存在多样性。但在理论与实践上较重要、研究较多的主要有遗传多样性（或称基因多样性）、物种多样性

和生态系统多样性。

1. 生态系统多样性

生态系统多样性是指生物圈内生境、生物群落和生态过程的多样性。生境的多样性主要指无机环境，如地形、地貌、气候、水文等的多样性，生境多样性是生物群落多样性的基础。生物群落的多样性主要是群落的组成、结构和功能的多样性。它们的生态过程是指生态系统组成、结构和功能在时间、空间上的变化。

2. 物种多样性

物种多样性即物种水平上的生物多样性，指一定区域内物种的多样化及其变化。

3. 遗传多样性

遗传多样性又称基因多样性，是指生物体内决定性状的遗传因子及其组合的多样性。

物种多样性在生物多样性体系中起着承上启下的联系和枢纽作用：物种既是生态系统的基石，又是基因的载体，任何一个特定个体的物种都保持着大量的遗传类型，是一个基因库。生态系统的多样性依赖于物种的多样性，物种的多样性又取决于基因的多样性，而生态系统多样性是物种多样性和遗传多样性的保证。遗传（基因）多样性和物种多样性是生物多样性研究的基础，生态系统多样性是生物多样性研究的重点。

中国生物多样性现状

地球上究竟存在多少物种？科学家们估计，在地球上1000万～3000万的物种中，只有140万已经被命名或被简单地描述过，其中包括75万种昆虫、4万多种脊椎动物和25万种高等植物，这些物种大多数存在于热带雨林地区。对多数研究较深的生物类群来说，物种的丰富程度从极地到赤道呈增加趋势，密闭的热带森林几乎包含了世界物种的一半以上，充满着各种生物：林木、灌木、藤本植物；附生植物、寄生植物；地衣、苔藓、水藻、真菌、蕨类等。在秘鲁的森林，就发现了283种树和17种藤本植物，在一棵树上就有43种蚂蚁，同整个英国的蚂蚁种类差不多；在厄瓜多尔的森林，就有365种花植物，比英国全部植物种类还多20%以上；存巴西瑙斯地区的森林小，却发现179种椭径和15或15以上的树种。

中国土地辽阔，气候多样，地貌类型丰富，河流纵横，湖泊众多，如此复杂的自然地理条件为各种生物、生态系统类型的形成与发展提供多种生境，而且第三纪及第四纪相对优越的自然历史地理条件更为中国生物多样性的发育提供可能，使中国成为世界上生物多样、丰富的国家之一。生物系统类型齐全，生物种类丰富，栽培物种的野生亲缘种类繁多。据统计，中国的生物多样性居世界第八位，北半球第一位。拥有陆地生态系统599个类型；有高等植物32800种，特有海岛等植物17300种；脊椎动物6300多种，其中特有物种667个。中国还拥有众多被称为"活化石"的珍稀动植物，如大熊猫、自鳍豚、水杉、银杏等。共有家养动物类群1900多个，水稻品种50000多个，大豆品种20000个，经济树种100个以上，这些多样的农作物、家畜品种及至今仍保有的野生原种和近缘种，构成中国巨大的遗传多样性资源库。

一切自然物种及其群落都与所在地域的环境条件相适应，只要条件不变，就能长期生存，即使发生扩散或缩减，其历程也是缓慢和渐变的。人类活动的加剧，却打破了这千古不变的平衡，导致物种灭绝。

（1）生活环境丧失、退化与破碎。人类能在短期内把山头削平、令河流改道，百年内使全球森林减少50%，这种毁灭性的干预导致的环境突变，导致许多物种失去相依为命、赖以为生

水杉   桫椤   银杉

攀枝花苏铁

我国濒临灭绝的植物

的家——生境，沦落到灭绝的境地，而且这种事态仍在持续着。在濒临灭绝的脊椎动物中，有67%的物种遭受生境丧失、退化与破碎的威胁。

世界上61个热带国家中，已有49个国家的半壁江山失去野生环境，森林被砍伐、湿地被排干、草原被翻垦、珊瑚遭毁坏……亚洲尤为严重。孟加拉的94%、香港的97%、斯里兰卡的83%、印度的80%的野生生境已不复存在。俗话说"树倒猢狲散"，如果森林没有了，林栖的猴子与许多动物当然无"家"可归，"生态"一词原本就是来源于希腊文ECO即"家"、"住所"之意。

灭绝物种中，迁徙能力差的两栖爬行类及无处迁徙的岛屿种类更为明显，马达加斯加上的物种有85%为特有种，狐猴类就有60多种，1500年前人类登岛后，90%的原始森林消失，狐猴类动物仅剩下28种（包括神秘的、体大如猫的指猴）。大陆生境的片断化、岛屿化是近百年来日趋严重的事件，这不仅限制了动物的扩散、采食、繁殖，还增加了对生存的威胁，当某动物从甲地向乙地迁移时，被发现、被消灭的可能性就大大增加了。目前我国计划为大熊猫建的绿色走廊，就是为了解决这个矛盾。

（2）过度开发。在濒临灭绝的脊椎动物中，有37%的物种是受到过度开发的威胁，许多野生动物因被作为"皮可穿、毛可用、肉可食、器官可入药"的开发利用对象而遭灭顶之灾。象的牙、犀的角、虎的皮、熊的胆、鸟的羽、海龟的蛋、海豹的油、藏羚羊的绒……更多更多的是野生动物的肉，无不成为人类待价而沽的商品，大肆捕杀地球上最大的动物：鲸，就是为了食用鲸油和生产宠物食品；残忍地捕鲨，这种已进化4亿年之久的软骨鱼类被割鳍后抛弃，只是为品尝鱼翅这道所谓的美食。人类正在为了满足自己的边际利益（时尚、炫耀、取乐、口腹之欲），而去剥夺野生动物的生命。对野生物种的商业性获取，往往结果是"商业性灭绝"。目前，全球每年的野生动物黑市交易额都在100亿美元以上，与军火、毒品并驾齐驱，销蚀着人类的良心，加重着世界的罪孽。北美旅鸽曾有几十亿只，是随处可见的鸟类，大群飞来时多得遮云蔽日，殖民者开发美洲100多年，就将这种鸟捕尽杀绝了。当1914年9月最后一只旅鸽死去，许多美国人感到震惊，

61

眼瞧着这种曾多得不可胜数的动物竟在人类的开发利用下灭绝，他们为旅鸽树起纪念碑，碑文充满自责与忏悔："旅鸽，作为一个物种因人类的贪婪和自私，灭绝了。"

（3）盲目引种。人类盲目引种对濒危、稀有脊椎动物的威胁程度达19%，对岛屿物种则是致命的。公元400年，波利尼西亚人进入夏威夷，并引入鼠、犬、猪，使该地半数的鸟类（44种）灭绝了。1778年，欧洲人又带来了猫、马、牛、山羊，新种类的鼠及鸟病，加上砍伐森林、开垦土地，又使17种本地特有鸟灭绝了。人们引进猫鼬是为了对付以前错误引入的鼠类，不料，却将岛上不会飞的秧鸡吃绝了。15世纪欧洲人相继来到毛里求斯，1507年葡萄牙人，1598年荷兰人把这里作为航海的中转站，同时随意引入了猴和猪，使8种爬行动物、19种本地鸟先后灭绝了，特别是渡渡鸟。在新西兰斯蒂芬岛，有一种该岛特有的异鹩，由于灯塔看守人带来1只猫，这位捕食者竟将岛上的全部异鹩消灭了，1894年，斯蒂芬异鹩灭绝，是1只动物灭绝了1个物种。

（4）环境污染。1962年，美国的蕾切尔·卡逊著的《寂静的春天》引起了全球对农药危害性的关注；人类为了经济目的，急功近利地向自然界施放有毒物质的行为不胜枚举：化工产品、汽车尾气、工业废水、有毒金属、原油泄漏、固体垃圾、去污剂、制冷剂、防腐剂、水体污染、酸雨、温室效应……甚至海洋中军事及船舶的噪音污染都在干扰着鲸类的通讯行为和取食能力。

濒临灭绝的动物

科学家发现，对环境质量高度敏感的两栖爬行动物正大范围地消逝。温度的增高、紫外光的强化、栖息地的分割、化学物质横溢，已使蝉噪蛙鸣成为儿时的记忆。与其它因素不同，污染对物种的影响是微妙的、积累的、慢性的致生物于死地的"软刀子"，危害程度与生境丧失不相上下。

地球上许多最濒危动物，同样也是了不起的。这里有一些大自然的超级明星，它们来自亚洲、美洲、亚太和其他地区，可能很快将不再会有。

（1）爪哇犀牛

栖息地：印度尼西亚和越南

剩余：少于 60 只

也许它们是地球上最稀有的大型哺乳动物。它们珍贵的角是偷猎者的目标，它们栖息的森林被开发商开发。两者都是导致该物种灭绝的原因。

爪哇犀牛

（2）墨西哥小头鼠海豚

栖息地：加利福尼亚湾

剩余：200～300 头

是世界上濒临灭绝的一个稀有鲸种，墨西哥小头鼠海豚本身的数量，和被渔网困住是其将要灭绝的主要原因。

小头鼠海豚

（3）克罗斯河大猩猩

栖息地：尼日利亚和喀麦隆

剩余：不到 300 只

克罗斯河大猩猩

被认为在 20 世纪 80 年代已经灭绝的物种，现在仍有存活。猎杀它们食用和因为发展而被挤出栖息地，它们可能不会持续很长时间。

（4）苏门答腊虎

栖息地：苏门达腊，在印度尼西亚

剩余：少于 600 只

这种小老虎只在苏门答腊生活已经有数百万年，因此难以逃脱人类扩张。大多数幸存者被保护起来，但约 100 只仍然生活在保护区外的地方。

苏门答腊虎

（5）金头猴

栖息地：越南

剩余：少于 70 只

在 2000 年，这个灵长类动物被开始保护起来。它仍然是处于严重危险之中，但其数量在 2003 年有所上升，为几十年来第一次。

（6）黑脚雪貂

栖息地：北美大平原

剩余：1000 只

美洲大陆上唯一的一种鼬，它

金头猴

们是最濒危的哺乳动物。在 1986 年，仅剩下 18 只，但物种的数量正在回升。

（7）婆罗洲侏儒象

栖息地：北婆罗洲

剩余：1500 只

短于亚洲象约 20 英寸（50 厘米），婆罗洲侏儒象也更加温顺。棕榈园的减少，让它们生活在拥挤的空间。

黑脚雪貂

（8）大熊猫

栖息地：中国、缅甸、越南

剩余：少于 2000 只

丧失和破碎的栖息地是导致大熊猫陷入危险状

侏儒象

大熊猫

北极熊的生存，但气候变化和丧失海冰目前正成为导致其减少的主要原因。

（10）湄公河巨型鲇鱼

栖息地：湄公河区域的东南亚

巨型鲇鱼

态的主要原因。圈养繁殖和物种保护的帮助希望使大熊猫免遭灭绝。

（9）北极熊

栖息地：北极圈

剩余：少于 25000 只

长期的人类发展和偷猎威胁着

北极熊

剩余：几百条

因其巨大的个头而特别珍贵，现在在泰国、老挝和柬埔寨是受到保护的物种，但捕捞仍在继续。

生物多样性下降及其原因

（一）生态系统受损严重

地球上许多生态系统的多样性正遭受破坏，表现在量的减少和质的退化两个方面。被称为"自然之肾"的湿地在蓄洪防旱、调节气候、控制土壤侵蚀、降解环境

66

污染等方面起着极其重要的作用，同时也是被人类开发最剧烈的生态系统之一。新西兰有90%的湿地从欧洲殖民时代以来已经丧失。森林面积减少和被破坏的情况也十分严重。

中国的原始森林长期受到乱砍滥伐、毁林开荒及森林火灾与病虫害破坏，原始林每年减少0.5×10^4平方千米；草原由于超载过牧、毁草开荒及鼠害等影响，已有50%退化，25%严重退化；土地受水力侵蚀、风力侵蚀面积已达367×10^4平方千米。生态系统的大面积破坏和退化，不仅表现在总面积的减少，更为严重的是其结构和功能的降低或丧失，例如水体污染达80%以上，淡水生态系统濒于瓦解。

（二）物种及遗传多样性丧失加剧

生物物种的灭绝是自然过程，但灭绝的速度则因人类活动对地球的影响而大大加速，野生动植物的种类和数量以惊人的速度在减少。从1600年以来的生物灭绝，被称为地质史上的第6次生物大灭绝，其灭绝量大约是以往地质年代"自然"灭绝的100～1000倍（孙儒泳，2000）。据科学家估计，自1600年以来，人类活动已经导致75%的物种灭绝。鸟类和兽类在1600～1700年的100年间，灭绝率分别为2.1%和1.3%，即大约每10年灭绝1种，而在1850～1950年期间，灭绝率上升到大约每2年灭绝一种。从1992～2002年的10年间，全球有800多个物种灭绝，1.1万多个物种濒危（余超然，2002）。中国是地球上生物多样性极其丰富的国家，拥有极为丰富的基因资源。然而，目前资源正在不可逆转地退化，极大地影响了资源利用状况。尽管中国政府、科学家、政府官员和人民在自然保护方面作出了巨大的努力，采取了大量措施，但是中国的环境及生物多样性的现状正面临严重的威胁。

根据动植物的稀有程度和发展趋势，对物种划分优先等级，一般按个体数量、分布面积来决定。将它们划分为以下几类：

（1）灭绝的种类：历史上存在，目前已经完全消失。如恐龙、美洲旅鸽。

（2）濒危的种类：指自然群落数量很少，它们在脆弱的环境中受到生

67

存的威胁，有走向灭绝的危险。它们有可能是生殖能力很弱，或是由于所要求的特殊生境被破坏。如大熊猫、白鳍豚、朱鹮和水杉、水松等。

（3）渐危的种类：由于人为或自然原因，在其分布区范围内已看出种群走向衰落，如不立即采取措施，会逐步走向濒危的种类。如广西枧木及伴生种金丝李。

（4）稀有的种类：指分布区比较狭窄、生态环境比较独特或者分布范围虽广但比较零星的种类。只要分布区域产生对它生长和繁殖不利的因素，它就很可能成为渐危或濒危种类。高山、深海、海岛、湖沼上许多植物多属于这一类，动物中的黑麂、獐等也属此类。

（5）未定种：处于受威胁状态，数量有明显下降，但其真实数量尚无法正确估计，其他情况也不太清楚的种类。如毛冠鹿等。

国际自然及自然资源保护联盟公布的2000年物种调查数据显示，1996年以来，全世界濒危物种数目出现令人担忧的严重上升趋势，大自然的生态平衡正在受到严峻挑战。根据法国《科学与未来》杂志转载的数据，目前全世界濒危动、植物已经达到10954种，其中动物达5423种，植物达5531种，以动物为例，全世界现存鱼类的1/3，哺乳类和爬行类动物的1/4都面临着灭绝的危险。此外，与1996年的统计数据相比，目前世界生存受到威胁的鸟类已经从2059种上升到2133种，哺乳类动物从1978种上升到2133种，爬行类动物从407种上升到454种，巴西特产的斯皮氏鹦鹉在野外生存的只剩80多只，而足迹曾遍及美国西南部的象牙嘴啄木鸟很可能已经绝迹。与此同时，在今后的几十年里，世界上植物种类的1/4将面临绝迹的危险。

许多动物种类已濒临灭绝，约12%的哺乳动物种类和11%的鸟类及植物种类面临灭绝的危险。

世界物种保护协会和世界野生生物基金等组织提供的报告说，现在地球上每8种已知植物物种至少有1种面临灭绝的危险。这份长达862页的报告指出，由于栖息地遭到破坏和大量引进外来物种，世界上大约有3.4万种植物物种处于灭绝的边缘，占世界上已知的27万种蕨类植物、针叶植物和有花植物的 12.5% 。然而，这只不过是冰山一角，实际情况严重得多。比如，美国大约 29% 的物种受到灭绝的危险，澳大利亚和南非的情况与美国相似。全世界 75% 的紫杉属植物面临消失的危险，而抗癌药物"塔克索尔"就是从这种植物里提取的。大约 14% 的玫瑰、32% 的百合属、鸢尾属植物以及 29% 的棕榈属植物都面临灭绝的危险。

中国的物种受威胁或灭绝现象较严重。由于人为破坏和其他多种原因，加速了动、植物种群的灭绝。据估计，全世界濒危脊椎动物（除两栖、鱼类外）有 510 种，我国占 91 种。高鼻羚羊、犀牛、豚鹿、白臂叶猴、白鹤、黄腹角雉、新疆虎、麋鹿、野马、大熊猫、长臂猿、坡鹿、东北虎、华南虎、白鳍豚、儒艮、扬子鳄、野驼、懒猴、金丝猴、雪豹、朱鹮、黑颈鹤、鲟、野象、叶猴等种类分布区显著缩小，种群数量稀少，已属濒危物种。

高等植物中有 4000～5000 种受到威胁，占总种数的 15%～20%，高于世界 10%～15% 的水平；约 20% 的野生动物的生存受到严重威胁。中国被子植物有珍稀濒危种 1000 种，极危种 28 种，已灭绝或可能灭绝 7 种；裸子植物濒危和受威胁 63 种，极危种 14 种，灭绝 1 种；脊椎动物受威胁 433 种，灭绝和可能灭绝 10 种。

★自然对人类的惩罚

灾害与人类社会同存共在

自从人类诞生那一刻起，灾害就伴随在人类左右。洪水、干旱、火山、地震时时威胁着人类的生存。为了生存，人类择地而居，择物而食；为了生存，人类与天斗，与地争。经过漫长的人类文明时期，人类社会终于发生了巨大变化。

20 世纪以来，世界总人口从 1900 年的 16.25 亿增加到 1990 年的 52.84 亿；全世界国民生产总值从 1900 年的 0.6 万亿美元猛增到 1990 年的 22.2 万亿美元。由于生产力的高速度发展，人类社会变得越来越繁荣，为人类自身提供了丰富的物质财富和精神财富。但是，灾害并没有因此远离我们，相反，灾害的规模越来越大，种类越来越多，次数越来越频繁，造成的损失也越来越严重。人类在创造丰富的现代文明的同时，也引发了严重的现代灾害。正如恩格斯早已说到的："我们不要过分陶醉于我们对自然界的胜利。对于每一次这样的胜利，自然界都报复了我们。"恩格斯的这一论断，当时并不为大多数人所理解。如今，众所关注的全球性的人口问题、环境问题、资源问题，以及频频发生的自然灾害，就是自然界报复的结果，致使人们的生命和社会的财富不断遭到灾害的吞噬。

早在人类诞生之前的混沌初开的时候，地震、火山、洪涝、干旱、风灾、雷电等这些自然现象就已存在。不过在那时，这些自然现象却是产生生命、孕育人类的地表自然环境演变的动力。在地球的天文时期，地球的外层空间尚没有厚厚的大气包围，地球表面也没有坚硬的地壳，更没有大海、河流和崇山峻岭，正如今日的月球，是那样的单调、死寂。那时，太阳系中运行的小行星、彗星、流星及其他小天体经常会乘隙而入，轰击地球，由此触发了一次次的火山喷发，造成岩浆横溢。正是由于长达10亿年之久的翻天覆地的灾变，才使得地球深处释放出大量的气体，不断地补充到地球的外层空间，直至逐渐形成包围地球的原始大气圈；正是由于大量岩浆的喷溢、冷凝，才慢慢地构成了地表坚硬的岩石圈；正是由于地球内部释放的水蒸气在大气层中凝结成水滴，重新降落到地面，才形成了江河湖海的雏形，地球上才发育了有"生命之源"之称的原始水圈。在地球上的水圈、大气圈、岩石圈雏型形成的同时，烨烨闪电、隆隆雷声，在大气中造就了生命的基础——氨基酸。这些生命物质随着从天而降的雨水降落大地、汇入江海，在海洋水体的防护下得以存活、生长。总之，没有地球10亿年之久的天文时期一系列翻天覆地的灾变，也就不会有生命的诞生和适宜生命存在的地球空间的出现。

30多亿年前，当地球进入地质时期之后，产生于天文时期的生命种子，在新的地质条件下发育、生长。这些生命的种子经历了数十亿年的形形色色的各种劫难，非但没有灭绝，而且仍在不断进化。根据板块构造理论，大陆板块的分合、漂移、碰撞，在人们后来居住的星球舞台上演出了一幕幕气势磅礴的百川沸腾、移山填海的史诗般的长剧。造山运动，带来了一次次的火山喷发、大地颤抖；接二连三的海侵、海退，带来了全球性的洪水泛滥和冰川直泻。这种山河巨变、沧海桑田的大规模地质变化，对于地球上的生命而言不啻是一场场大灾难。然而，恰恰是在这些灾变之中，一批批不能适应环境的生物先后灭绝、淘汰了，一批批较能适应新环境的生物应运而生，生机勃勃地发展壮大起来。从一定意义上讲，灾变是地球和自然界发展的动力之一。

距今200万～300万年前的新生代第四纪，是人类诞生的一个具有划时代意义的世纪。然而，人类的诞生也和地球上的灾变息息相关。人是从猿演化而来的，而猿走出森林的动力之一是喜马拉雅山和阿尔卑斯山的造山运动。由于这两座地球上最年轻山脉的一朝崛起，造成了整个大气环流态势的变化，全球气候突变、气温骤降，迎来了全球性的第四纪冰河时期。喜马拉雅山的崛起和冰川的侵袭，充当了人类诞生的"催生婆"。随着热带森林的缩小枯萎，猿类中的一支勇敢地走出世代居住的森林，去寻找新的生路。这在客观上促进了类人猿的直立行走，加速了从猿到人的演化进程。

综上所述，我们看到，正是狂风暴雨、雷击电闪、地动山摇等自然界的突变或者说灾变，塑造了太阳系中的地球以及地球上的生命、生物和人类。然而，就在人类诞生之后，这些现象却成了威胁人类生命和财产的异己力量，成了破坏人类生存的因素，成了灾害。也就是说，灾害是对人而言的，没有人也就无所谓灾害。从古至今，有多少人因灾害而丧生，又有多少城市因灾害而在地球上消失。仅近百年来，全球就有20多座城市毁于灾害。灾害的对象是人类和社会。

尽管在历史上被灾害毁灭的城市不胜枚举，而且在灾害中丧生的人数也难以计数。但人类并没有因此而灭绝，世界上的城市却愈来愈多。正是经过一次次灾害，人类不断积累经验、吸取教训，才变得更聪明了。尤其是人类还掌握了科学技术，不断地探索、认识自然规律，并利用它们为人类造福。

但是，值得人们注意的是，就现代社会来说，如今每个地方、每个国家都处在一个开放的体系中，都不能完全孤立于世界之外，地球上从来就不存在什么无灾无难的"世外桃源"。各国之间既有着地域上的关联，也有着资源、能源的互补和利害上的相关。一些国家在工业发展、城市繁荣和经济增长的过程中，排放了大量的废渣、废气和废水，以致出现了全球性的环境问题，诸如温室效应、臭氧层空洞、海平面上升等，严重威胁着全球人类的命运。同样，一些国家和地区因人口爆炸、水土流失而引起的饥荒、动乱和贫困，也同样影响着其他国家的发展。所以说，不管是谁造成了环境的恶化，灾害的对象总是整个人类社会。

我国的四大自然灾害

我国是世界上自然灾害最为严重的少数几个国家之一，灾种多、分布广、成灾比例高。除火山喷发外，地球上所有的自然灾害我国均有发生，其中全球危害最大的水、旱、震、风等"四大天灾"我国都很严重。根据联合国的统计资料，20世纪以来全球发生的54起特大自然灾害中，我国有8起，占15%；我国因灾死亡人数约占同期全球自然灾害死亡人数的44%。近些年来，我国的生态环境因经济的飞速增长而有所恶化，自然灾害频频肆虐，人为灾害愈演愈烈，两者相互叠加渗透，严重制约着我国经济社会的协调发展。

我国多种多样的自然灾害按其成因归类，可分为四大类，即地质灾害、气候灾害、海洋灾害和环境灾害。

地质灾害

地质，通俗地讲就是踩在我们脚下的坚实的大地。地质是人类世世代代繁衍生息的基础，是由岩石、土壤、地球内部物质构成的一个实体，是人类赖以生存的地质环境。当一种或多种自然力和人力施加在大地内外并超过某一阈值，就会导致地质环境的变化。这种变化一旦对人类社会造成危害，便称之为地质灾害。

地质灾害是个灾害大家族。因能量释放方式的不同，地质灾害可以具体表现为地震、火山喷发、山体崩塌、滑坡、地面沉降、泥石流、地裂缝等灾害现象。这种能量的释放可以是自然因素，也可以是人为因素引起的。就像地震，既有单纯的构造地震，也有人工诱发的地震。我国的地质灾害主要分布在一条带状区域内，大致从我国西南边陲的中缅边境向东北一直延伸到黑龙江下游，跨越边界进入俄罗斯境内。这是我国一条重要的地理分界线，也是一条地质灾害多发地带，我国至少有 13 个省会城市和京津两市都分布在此带上，所以危害很大。

俗话说，地震是群害之首。这一说法丝毫也不过分，因为地震的发生往往隐蔽性强、爆发突然，毁坏程度巨大。一般而言，全世界平均每年共约发生 1500 万次大小地震，其中约 10 万次是人们能够感觉到的，震级大于或等于里氏 3 级的"有感地震"；约 1000 次是会给人类

震后灾区

造成不同程度破坏的、震级大于或等于 5 级的"破坏性地震"；约 18 次为 7 级以上的"大地震"。作为一种灾害性的自然现象，破坏性地震尤其是大地震的发生频率虽然不高，但其破坏力却极强。它不仅会造成大面积的房屋倒塌、人畜伤亡和交通阻断，而且还时常伴生山崩地陷，诱发火山、海啸、滑坡、泥石流，以及城市火灾、煤气外泄等一系列次生灾害，从而给人类社会造成难以抵御的冲击，给人民生命财产安全带来严重威胁。因此，地震特别是大地震的发生实为人类面临的第一大天灾。

滑坡也是一种常见的地质灾害。滑坡系指山体斜坡上不稳定的大量松散土体和岩体，沿着一定的滑动面整体下滑的一种地质现象，并常与地震、崩塌、泥石流等相伴而生。当滑坡这种地质活动造成了公路、铁路、航道的堵塞，或者引起各类工程项目、建筑物的损坏和人员伤亡时，就形成了灾害。我国西南和西北地区是滑坡灾害的多发区，仅四川省近 30 年来就已发生过上万次这类灾害，死亡人数达 2500 余人，直接经济损失 20 多亿元。1981 年，宝成铁路因滑坡而中断运行达 2 个月之久，修复费用达数亿元之多。1982 年，长江鸡扒子滑坡造成航道壅堵，耗用工程费 8000 多元才得以

疏通。1983年3月7日下午5时40分，位于甘肃省东乡族自治县的洒勒山北麓发生了一次不多见的大滑坡：轰隆一声巨响，仅一分多钟的时间，只见一座宽达1.7千米的巨大山体带着刺耳的呼啸声迅速向山下滑去，6000多万立方米的滑塌土石顷刻之间就掩埋了面积达3平方千米范围内的3座村庄、200公顷水田和1座水库，270多人被土石掩埋。当时正在山上干活的一名农民眼见山摇地动，赶忙就近抱住一颗大柳树，结果转瞬间连人带树滑出了1000多米而幸免于难。另外，类似于滑坡的地质灾害还有泥石流、山崩地裂等。我国东部平原地带和沿海地区以及一些矿业城市，地面沉降和塌陷现象也较为广泛。

气候灾害

我国独特的季风气候是一种利弊兼存的气候类型。有利的方面是：它可带来丰沛的水分，为农业的发展和作物的生长提供良好的水气条件。从世界地图上可以看到，由于没有季风，与我国同纬度的不少亚热带大陆地区，诸如中亚、西亚地区和北非的撒哈拉地区，都为广袤的荒漠与不毛之地。然而，由于季风带来的水量很不平衡，年内和年际间的降雨分配不均，旱涝灾害随时可能发生。从地形上看，中国是个多山之国，平均海拔1525米，2/3的国土是山地、高原和丘陵地带，且西高东低，呈明显的三大阶梯，导致水力的侵蚀与冲刷非常严重，从而更易引发洪涝与干旱灾害。

我国是一个饱尝旱涝之苦的国家。由于地域辽阔，加之季风气候的季节性变化及年际变化，我国各地降水的动态变化较大。降水在时间和空间上的不平衡，经常会出现同一个地区先涝后旱

洪　水

或旱了又涝的情况，或在同一时期一地区多雨成涝，而另一地区少雨干旱的情况，即所谓南涝北旱和南旱北涝。从总体上看，我国的雨季从南向北、从东向西推进，而大江大河则自西向东奔流。这样，就形成了一个大体上比较固定的旱涝时空分布格局。总的来说，北方多旱，并多发生在春季；南方多涝，并多发生在秋季。旱区主要分布在黄淮海地区及黄土高原；涝区则主要分布在淮河、长江、珠江的中下游地区。东北地区常是东涝西旱；四川盆地则常常东旱西涝。

海洋灾害

我国东濒太平洋，有 18000 千米长的海岸线和 16000 千米长的海岛岸线。我国沿海的辽河三角洲、黄河三角洲、长江三角洲和珠江三角洲，都是地势平坦、土壤肥沃的精粹之地，是我国经济发达地区，所以海洋灾害对我国沿海地区社会经济的发展影响重大。

海洋灾害包括热带风暴（台风）、风暴潮、海浪、海冰、海雾、海平面上升、海岸侵蚀、海水入侵和赤潮等，其中尤以热带风暴、台风和风暴潮的危害最大，是我国最主要的海洋灾害。台风的风力强度大时可超过 12 级，它从海面上带来的大量水气造成暴雨，一旦登陆，所到之处房倒树拔、暴雨成灾。

赤　潮

我国受台风影响的主要地区是广东、广西、福建、浙江、江苏、上海等东南沿海省、市、自治区和台湾地区，但有时也会深入内陆腹地。据有关部门统计，每年影响我国的台风近 20 个，其中登陆的 7~8 个，约相当于美国的 4 倍、日本的 2 倍和俄罗斯的 30 多倍。1922 年 8 月 2 日的一场强台风，曾使广东汕头一带死亡4万~6万人。1975年第3号台风深入内陆，冲毁了京广线部分路段，成为建国以来仅次于唐山大地震的第二大灾难。

环境灾害

改革开放以来，随着国民经济的飞速发展，我国工业化、城市化进程明显加快，但工业生产所带来的各种废物也明显增多，对环境产生了严重影响。环境污染已成为我国的一大灾害，主要包括大气污染、水污染和噪声污染。

空气污染

伦敦烟雾事件

伦敦是一座拥有2000多年历史的大城市，地处泰晤士河流域开阔的河谷地区。1952年12月5~8日，正值隆冬季节，伦敦受反气旋气候影响，浓雾覆盖，温度骤降。空气静止、浓雾不散、黑云压城，整个伦敦市淹没在浓重的烟雾之中。与此同时，工厂和住家成千上万个烟囱照样向天空排放着大量的黑烟。它们在天空中集聚，无法扩散，使空气中污染物浓度不断增加。烟尘浓度最高达到4.46毫克/立方米，为平时的10倍；二氧化硫最高浓度达到1.34%，为平时的6倍。伦敦市大街小巷都充满了煤烟、硫磺的气味，交通警察不得不戴上了防毒面具，来往行人则边走边用手帕捂鼻子、擦眼泪。悲剧终于发生了。一群准备在交易会上展出的得奖牛，它们呼吸困难、舌头吐露，其中一头当场死去，12头奄奄待毙，160头相继倒地抽搐，急需治疗。接踵而至的是，市民也难逃厄运，几千人感觉胸口闷得发慌，并伴有咳嗽、咽喉疼痛和呕吐。随之，老人、婴幼儿、病人的死亡数增加，到第三四天情况更趋严重，发病率、死亡率急剧上升，4天中共死亡4000人。据统计，45岁以上者死亡最多，约为平时的3倍；一岁以下的死亡者，约为平时的2倍。另据统计，发生事件的1周中，因支气管发炎死亡的为704人，是前周的9.3倍；冠心病患者死亡281人，是前周的2.4倍；心脏衰竭者死亡244人，是前周的2.8倍；肺结核患者死亡77人，是前周的5.5倍；肺炎、肺癌、流感及其他呼吸道患者的死亡率也都是成倍地增长。就是在事件过后的两个月内，还陆续死亡8000人。这就是震惊一时的伦敦烟雾事件。直到12月10日，一股轻快的西风吹来了北大西洋的新鲜空气，才驱散了弥漫在伦敦上空的毒雾，使人们重见天日，解除痛苦。

伦敦的烟雾事件由来已久。1873年、1880年和1891年就相继发生过3次由于燃煤而造成的毒雾事件，死亡人数共计约1800名。以后还发生过多次。当局对此不闻不问，以致问题越来越严重。1952年的事件再次发生后，英国社会哗然，纷纷要求政府当局对受害情况进行调查。但是，未能查清原

伦敦烟雾事件漫画图

因，也未采取有效防治措施，导致后来又相继发生几起烟雾事件。如1962年的一起，气候变化与1952年相似，空气中的二氧化硫浓度比1952年还高，只是烟尘浓度仅及1952年的一半，才使死亡率比1952年低80%。英国当局再次在人民的压力下不得不进行深入研究，终于找到了伦敦烟雾事件的原因是：煤中含有三氧化二铁，它能促进空气中的二氧化硫氧化，生成

硫酸液末，附着在烟尘上或凝聚在雾核上，进入人的呼吸系统，使人发病或加速慢性病患者的死亡。

洛杉矶光化学烟雾事件

洛杉矶是美国加利福尼亚州南部太平洋沿岸的滨海城市，常年阳光明媚、气候温和、风景优美，是人们的游览胜地。著名的电影中心好莱坞在它的西北郊。随着该地区石油工业的开发，飞机制造等军事工业的迅速发展，人口激增，洛杉矶已成为美国西部地区工商业重镇和著名海港。它从此也就失去了往昔的优美和宁静。目前有人口700多万，汽车数百万辆，每天耗费汽油600多万加仑，是世界上交通最繁忙的地方之一。

洛杉矶光化学烟雾现象

1943 年以来，美国洛杉矶首次出现光化学烟雾。这是一种浅蓝色的刺激性烟雾。滞留在市内几天不散，大气可见度大为下降，许多居民眼红、鼻痛、喉头发炎，还伴有咳嗽和不同程度的头痛和胸痛、呼吸衰弱，不少老人经受不住折磨而死亡；同时，家畜患病、植物遭殃、橡胶制品老化、材料与建筑物受损。

对洛杉矶型烟雾的来源、形成的调查，可说是颇费周折，前后经过七八年时间。起初认为是二氧化硫造成的，因此当局采取措施，控制各有关工业部门二氧化硫的排放量。但是烟雾并未减少。后来发现石油挥发物（碳氢化合物）同二氧化氮或空气中的其他成分一起，在太阳光作用下，产生一种浅蓝色的烟雾，它不同于一般煤尘的烟雾，是光化学烟雾。当局为此禁止石油精炼厂储油罐挥发物排入大气，结果仍未使烟雾减少。最后从汽车排放物中找到了构成光化学烟雾的原因。当时洛杉矶有汽车 250 万辆，每天耗费汽油 1600 万升，因汽车汽化器的汽化效率低下，每天有 1000 多吨碳氢化合物排入大气中，在太阳光的作用下形成光化学烟雾。

洛杉矶型烟雾所以能形成，还有与其地理环境和气象条件有关。洛杉矶市区面临大洋，三面环山，形成一个直径约 50 千米的盆地。由于东南北三面山脉的阻碍，只有西面刮来海风，一年约有 300 天从西海岸到夏威夷群岛的北太平洋上空出现逆温层，如同盖子压在洛杉矶的上空，烟雾难以扩散。当逆温层高度为 450 米时，大气可见度下降，当逆温层高度为 180 米时，光化学烟雾就带到地面，扩散不开，形成污染。为此，每年 5~10 月期间，阳光强烈。烟雾就比较严重。汽车尾气多、盆地式地形、无风天气多，这就使洛杉矶很容易发生光化学烟雾。因它每年有 60 天烟雾尤为严重，故被称为美国的"烟雾城"。

对于光化学烟雾污染，美国目前还无法防治，洛杉矶的居民仍深受其害。再加上美国的生活方式，决定了各地的汽车有增无减，因此，几乎每座城市或轻或重地都受到洛杉矶型光化学烟雾的困扰。

日本环境污染事件

日本四日市气喘病事件

日本的大气污染由来已久。战前，随着日本工业的发展，人们逐渐向城市集中。在城市中由于生产和生活的燃料主要是煤炭，因而单位时间内排入大气的煤烟量相应地增多，城市常年笼罩在烟雾之中，大气被严重污染。战后，大量廉价石油的应用，大气中二氧化硫的污染更为突出。大气污染给日本人民带来了巨大灾难，人们长年累月吸入大气中的有毒成分，容易得支气管炎、支气管哮喘、肺气肿等多种呼吸道疾病，它使幼儿体弱、老人命短，危害极大。据 1972 年 3 月统计，日本城市居民中因大气污染生病接受政府救济者高达 6376 人，其中主要受害者是儿童和老人。据 1971 年统计，患者中 4 岁以下的占 1/3，9 岁以下的占 1/2；因病死亡者中 60 岁以上老人占 80%。为此，前首相田中角荣在他的《日本列岛改造论》一书中也惊呼"再过几年东京的樱花也许看不到了"，"呼吸道疾病已是不可避免，不久还将导致死亡率上升的恶果"。

日本大气污染的一个著名事件就是四日市气喘病事件。四日市是日本东部海岸伊势湾一个小城市，原有人口仅 25 万，主要从事纺织业和陶瓷业，曾因每隔 4 天有一次集市而得名为四日市。日本是个缺少资源、能源的岛国，为发展经济，执行的是贸易立国方针。而四日市临河近海，交通相当方便，又是京滨工业区的门户，被日本垄断财阀看成是发展石油工业的好地方。四日市随着石油工业的发展，环境污染也随之发展。当它成为占日本石油工业 1/4 的"石油联合企业城"之时，也就成了名副其实的公害严重城市：噪声震耳欲聋，臭水横流四溢，一片乌烟瘴气。其中最突出的是大气污染。四日市工厂每年排出的粉尘、二氧化硫总量达到 13 万吨，大气中二氧化硫浓度超过人体允许限度的五六倍，使整座城市终年烟雾弥漫。

在500米厚的烟雾中飘浮着各种各样有毒的气体和重金属粉尘。一次从四日市盐滨小学房顶上采集的烟灰中，经分析有几十种化合物和金属微粒。这些物质演变成硫酸烟雾的混合体进入人体血液，可能导致癌症；进入人体肺部，对呼吸器官伤害很大，使肺部排污能力减弱，易得支气管炎、支气管哮喘、肺气肿、肺癌等多种呼吸道疾病，这些病也被统称为四日气喘病。

1961年日本四日市因大气污染而使气喘病大发作，在患者当中，慢性支气管炎占25％，支气管哮喘占30％，哮喘性支气管炎占40％，肺气肿等其他呼吸道疾病将近5％。这就是四日市气喘病事件。1964年日本四日市连续3天烟雾不散，气喘病患者开始死亡。人民迫使市府当局组成调查团，调查污染受害情况，并建立了公害对策室。1967年一些气喘病患者不堪忍受痛苦而自杀；1970年该市气喘病患者达到500多人，其中的10多人被气喘病折磨致死。目前，因高硫重油的继续燃烧，四日市气喘病已蔓延全国，千叶、川崎、横滨、大阪、尼崎等地的气喘病在迅速扩展，病根就是二氧化硫白烟。

日本熊本县水俣病事件

日本的水质污染与其工业的发展分不开。战后日本经济高速增长时期重点发展重化工业，它们排出的废水中含有大量的重金属、毒泥、多氯联苯、油和酚等，严重地污染了水质。工业废水的重金属主要是汞、镉等，它们经过生态系统食物链的富集，成千上万倍地在生物体内积累起来，这些生物体被鱼吞食后又在鱼体内进一步浓缩、富集，人们一旦食用了这些水产品就会慢性中毒。

水俣病

水俣是日本九州南部的一个小镇，属熊本县管辖。全镇有居民4

万人，周围村庄还住着 1 万多农民和渔民。其西面是鱼产丰富的不知火海和水俣湾，因而渔业兴旺。1925 年日本氮肥公司在此建厂，生产氮肥、醋酸乙烯、氯乙烯等，随着该企业的不断发展，给当地人民带来的灾难也开始降临。1950 年在水俣湾附近的小渔村中，出现了一些疯猫，它们步态不稳、惊恐不安、抽筋麻痹，最后跳入水中溺死，被当地人称为"自杀猫"。当时这种狂猫跳海奇闻并未引起人们的关注。1953 年在水俣镇出现了一个生怪病的人，开始只是口齿不清、步态不稳、面部痴呆，后来发展到耳聋眼瞎、全身麻木，最后神经失常，时而酣睡，时而无比兴奋，体如弯弓，高叫而死。1956 年 4 月，一个 6 岁女孩因同样症状送入医院，初步诊断为脑系科疾病，同年 5 月，又有 4 个同样病人入院就医，另外还有 50 多名患者没入院，这时才引起人们的关注。当地的熊本大学医学院与市医师会和医院组成水俣怪病对策委员会开展调查。在调查中把疯猫和怪病人联系起来分析，确认这是由日氮公司水俣工厂排出的废水引起的。因为，该工厂在生产氯乙烯、醋酸乙烯时，采用低成本的汞催化剂（氯化汞和硫酸汞）工艺，把大量含有甲基汞的毒水废渣排入水俣湾和不知火海，殃及海中鱼虾。当地居民常年食用这种受污染的海产后，大脑和神经系统受到损伤，具体病症表现为眼神呆滞、常流口水、手足颤抖不已，发作起来即狂蹦乱跳。这是一种不治之症，轻者终生残疾，重者死亡。因这种怪病发生在水俣地区，故称为"水俣病"。

"水俣病"给人们带来无穷的灾难。首当其冲的是捕鱼业。因为鱼有毒，居民不敢食用，企业开始倒闭，成千上万渔民被迫加入失业队伍。1958 年春厂方为掩人耳目，将毒水排入水俣镇的北部，造成新的污染区。六七个月后，在那里又出现了 18 个汞中毒病人。当地居民要求政府调查此事，但厂方百般阻挠，地方当局态度暧昧，以致水俣病在日本各地迅速蔓延。1963 年，日本西海岸的阿贺野川流域下游的新潟县内，出现大批的"自杀猫"、"自杀狗"。1964 年 8 月当地猫的 90% 以上都"自杀"了，随之有死猫的居民也相继出现水俣病症状。短期内患者增加到 45 人，其中 5 人死亡，他们都是食用阿贺野川鱼最多的。这一事件是由昭和电器公司鹿濑工厂排放含汞废水引起的，因病症和"水俣病"相同，因此被称为"第二水俣病"。据1972年日本环境厅公布，日本熊本县水俣湾与新潟县阿贺野川两个地区共有汞中毒患者283人，其中60人已死亡，受害居民已达1万人左右。水俣病对人们的残害使好多家庭妻离子散、家破人亡。在日本的报刊杂志上迄今还时有水俣病后患的报道。

日本神通川疼疼病事件

据统计，日本受污染的耕地为37400多公顷，占总耕地面积的8%左右，其中主要是镉的污染。整个日本有43个地区7500多公顷的土地受到严重的镉污染，一些地区水稻含镉量已经超过国家规定的1ppm的浓度。神通川流域的镉中毒蔓延，更为触目惊心。

神通川是横贯日本中部的富山平原上的一条清水河，两岸人民世世代代饮用它，并用它来灌溉土地。神通川流域是日本主要的粮食基地，稻米之乡。自明治维新初期起，垄断资本三井金属矿业公司在它的上游建了一个神冈矿业所后，土地受污染，人民遭"杀戮"。该矿业所长年累月地把炼铅、炼锌的大量污水排入神通川，造成了无法逆转的灾难。1952年河里的鱼开始大量死亡，两岸稻田大面积死秧减产，三井金属公司仅以300万日元赔偿了事，一如既往地往河里排泄污水。1955年以后在河流两岸的群马县出现一种怪病，起初症状为劳累过后腰、手、脚等关节疼痛，洗澡休息后即感到轻快，无异样感觉，几年后，全身各部位都发生神经痛、骨头痛，不能行动，甚至连呼吸都痛得难以忍受。有的患者因无法忍受疼痛而自杀身亡；有的虽以顽强毅力勇敢活着，最后也难逃一死，死前骨骼软化萎缩，身长缩短了30厘米；患者常常自然骨折，有的骨折多达73处，不能饮食，直至在衰弱疼痛中死去，其状惨不忍睹。由于此病以疼痛开始，以剧痛结束生命，故称为"疼疼病"。

"疼疼病"的发生原因直至1961年才查明是神冈矿业所炼锌厂将含镉污水排入神通川，经灌渠流入两岸广大农田，致使有的稻秧枯死，没有枯死的水稻就成为"镉米"。神通川流域的当地居民喝的是镉毒的水，吃的是镉毒的米，吸的是镉毒的空气，生活在严重的镉污染环境之中，时间一长就会镉中毒，患上可怕的"疼疼病"。

"疼疼病"的病因虽已找到，但1965年后此病仍在日本全国各地蔓延。到1972年3月，"疼疼病"患者超过280人，死亡34人，另有100多人出现可疑症状。更为严重的是，镉污染的范围迅速扩大，据政府当局调查，日本很多地区的土壤含镉量均在15ppm以上。污染严重的地区有群马县等8个县。全日本排放镉的矿山有61处，这些矿山采用湿法开采则产生大量含镉污水，采用干法开采则有大量含镉粉尘随风飘扬，最终都会污染大片农田。日本用镉作原料的工厂有337家，它们与排放镉的矿山一起成了镉污染的毒源，直接严重威胁着日本千百万人民的生命健康。

遮天蔽日的沙尘暴

沙尘暴是沙暴和尘暴两者兼有的总称，是指强风把地面大量沙尘物质吹起卷入空中，使空气特别混浊，水平能见度小于1千米的严重风沙天气现象。其中沙暴系指大风把大量沙粒吹入近地层所形成的挟沙风暴；尘暴则是大风把大量尘埃及其他细粒物质卷入高空所形成的风暴。

沙尘暴天气主要发生在春末夏初季节，这是由于冬春季干旱区降水甚少，地表异常干燥松散，抗风蚀能力很弱，在有大风刮过时，就会将大量沙尘卷入空中，形成沙尘暴天气。

从全球范围来看，沙尘暴天气多发生在内陆沙漠地区，源地主要有非洲的撒哈拉沙漠，北美中西部和澳大利亚。1933～1937年由于严重干旱，在北美中西部就产生过著名的碗状沙尘暴。亚洲沙尘暴活动中心主要在约旦沙漠、巴格达与海湾北部沿岸之间的下美索不达米亚、阿巴斯附近的伊朗南部海滨，稗路支到阿富汗北部的平原地带。前苏联的中亚地区哈萨克斯坦、乌兹别克斯坦及土库曼斯坦都是沙尘暴频繁（≥15/年）影响区，但

沙尘暴袭来

其中心在里海与咸海之间沙质平原及阿姆河一带。

我国西北地区由于独特的地理环境，也是沙尘暴频繁发生的地区，主要源地有古尔班通古特沙漠、塔克拉玛干沙漠、巴丹吉林沙漠、腾格里沙漠、乌兰布和沙漠和毛乌素沙漠等。

从 1999 年到 2002 年春季，我国境内共发生 53 次（1999 年 9 次，2000 年 14 次，2001 年 18 次，2002 年 12 次）沙尘天气，其中有 33 次起源于蒙古国中南部戈壁地区，换句话说，就是每年肆虐我国的沙尘，约有 60% 来自境外。当时的中国气象局副局长李黄向媒体公布其研究结果。他说，2002 年春季，我国北方共出现了 12 次沙尘天气过程。具有出现时段集中、发生强度大、影响范围广等 3 个特点，影响我国的沙尘天气源地，可分为境外和境内两种。分析表明：2/3 的沙尘天气起源于蒙古国南部地区，在途经我国北方时得到沙尘物质的补充而加强；境内沙源仅为 1/3 左右。发生在中亚（哈萨克斯坦）的沙尘天气，不可能影响我国西北地区东部乃至华北地区。新疆南部的塔克拉玛干沙漠是我国境内的沙尘天气高发区，但一般不会影响到西北地区东部和华北地区。我国的沙尘天气路径可分为西北路径、偏西路径和偏北路径：西北 1 路路径，沙尘天气一般起源于蒙古高原中西部或内蒙古西部的阿拉善高原，主要影响我国西北、华北；西北 2 路路径，沙尘天气起源于蒙古国南部或内蒙古中西部，主要影响西北地区东部、华北北部、东北大部；偏西路径，沙尘天气起源于蒙古国西南部或南部的戈壁地区、内蒙古西部的沙漠地区，主要影响我国西北、华北；偏北路径，沙尘天气一般起源于蒙古国乌兰巴托以南的广大地区，主要影响西北地区东部、华北大部和东北南部。

经统计，20 世纪 60 年代特大沙尘暴在我国发生过 8 次，70 年代发生过

13 次，80 年代发生过 14 次，而 90 年代至今已发生过 20 多次，并且波及的范围愈来愈广，造成的损失愈来愈重。现将 90 年代以来我国出现的几次主要大风和沙尘暴天气的有关情况介绍如下：1993 年：4～5 月上旬，北方多次出现大风天气。4 月 19 日至 5 月 8 日，甘肃、宁夏、内蒙古相继遭大风和沙尘暴袭击。其中 5 月 5～6 日，一场特大沙尘暴袭击了新疆东部、

频繁的沙尘暴

甘肃河西、宁夏大部、内蒙古西部地区，造成严重损失。1994 年：4 月 6 日开始，从蒙古国和我国内蒙古西部刮起大风，北部沙漠戈壁的沙尘随风而起，飘浮到河西走廊上空，漫天黄土持续数日。1995 年：11 月 7 日，山东 40 多个县（市）遭受暴风袭击，35 人死亡，121 人失踪，320 人受伤，直接经济损失 10 亿多元。1996 年：5 月 29～30 日，自 1965 年以来最严重的强沙尘暴袭掠河西走廊西部，黑风骤起，天地闭合，沙尘弥漫，树木轰然倒下，人们呼吸困难，遭受破坏最严重的酒泉地区直接经济损失达两亿多元。1998 年：4 月 5 日，内蒙古的中西部、宁夏的西南部、甘肃的河西走廊一带遭受了强沙尘暴的袭击，影响范围很广，波及北京、济南、南京、杭州等地。4 月 19 日，新疆北部和东部吐鄯托盆地遭瞬间风力达 12 级的大风袭击，部分地区同时伴有沙尘。这次特大风灾造成大量财产损失，有 6 人死亡、44 人失踪、256 人受伤。5 月 19 日凌晨，新疆北部地区突遭狂风袭击，阿拉山口、塔城等风口地区风力达 9～10 级，瞬间风速达 32 米/秒，其他地区风力普遍达到 6～7 级。狂风刮倒大树，部分地段电力线路被刮断。1999 年：4 月 3～4 日，呼和浩特地区接连两天发生持续大风及沙尘暴天气。这次沙尘暴的范围从内蒙古自治区的西部地区一直到东部的通辽市南部，瞬

时风速为每秒 16 米。伊克昭盟达拉特旗风力最高达到 10 级。2000 年：3 月 22～23 日，内蒙古自治区出现大面积沙尘暴天气，部分沙尘被大风携至北京上空，加重了扬沙的程度。3 月 27 日，沙尘暴又一次袭击北京城，局部地区瞬时风力达到 8～9 级。正在安翔里小区一座两层楼楼顶施工的 7 名工人被大风刮下，两人当场死亡。一些广告牌被大风刮倒，砸伤行人，砸坏车辆。2002 年：3 月 18～21 日，20 世纪 90 年代以来范围最大、强度最强、影响最严重、持续时间最长的沙尘天气过程袭击了我国北方 140 多万平方千米的大地，影响人口达 1.3 亿。

海洋的瘟神——赤潮

　　1990 年的 7 月 1 日凌晨，我国长江口外海域。昏黄的海面波涛翻滚，约长 20 海里、宽 6～7 海里的海水中形如鼻涕的絮状物前呼后拥地漂移，令人作呕；海域的异样腥臭味扑鼻而来，使人窒息……闻讯赶到的当地环保工作者在显微镜下观测到，疑是油污染的"报警"原来是地地道道的"赤潮"的呼唤——无数的中肋骨条藻千丝万缕地交织在一起！

　　赤潮就是海藻类等海洋浮游生物在短期内迅速繁殖并聚集蔓延，导致海水变红或黄，同时散发出怪异恶臭的海洋现象。世界各国的监测资料显示：过去 20 多年中，赤潮有恃无恐地在世界各地海域蔓延。它不仅严重破坏了海洋渔业资源和海洋生态系统，而且直接威胁着人类的健康和生命安全。1982～1985 年 5 年中，我国沿海发生赤潮有文字记载的达 16 次之多。1983 年，因为赤潮的侵袭，福建沿海渔业损失计百万元。1966～1980 年的 15 年间，日本濑户内海发生赤潮竟达 2589 次，其中 1972 年因之造成经济损失高达 1158 亿日元。1986 年底，福建东山岛居民因食用含赤潮毒素的海鲜，发生一起 136 人中毒的罕见恶性事故。1988 年 10 月，赤潮首次作美国北卡罗来纳海域旅行时，致使 41 名海上作业人员感染肠胃病、呼吸道疾病和神经性病症。也就在这一年中，200 头海豚在美国新泽西至弗吉尼亚海滩相继"自杀"毙命。

赤　潮

赤潮何以肆无忌惮地如此逞凶？长期的气候演变、人类向海洋倾倒垃圾和其他营养型废弃物是主要致因。无以计数的工业排污、毫不节制的海洋资源开发、农业肥料的大量流失以及污染招致的酸雨中的含氮化合物也是海藻迅速繁衍蔓延的重要营养源。日趋严重的污染使海水中贮存了大量的氮、磷

等营养成分，促进和刺激了海藻的繁殖。这样海藻在海洋生物中占据了绝对竞争优势，截获了阳光，使其他"邻里"饥不择食。海藻故去后又"潜入"海底腐烂，掠夺大量氧气，使其他需氧生物生境更加恶化。

赤潮作祟，遭殃的不只是海洋生态自身，而是整个地球人类。这就迫切需要更多"弄潮儿"加入到"送瘟神"的行列中去。

大地得了"溃疡病"

联合国环境规划署的统计数字是令人触目惊心的。全世界每年有2700 万公顷的农田遭到沙漠化，其中 600 万公顷的土地变为沙漠。牧场总面积为 37 亿公顷，但 80% 已沙漠化；雨浇作物地面积为 5.7 亿公顷，60% 已沙漠化。在非洲的撒哈拉，沙漠正以 170 公顷/小时的速度扩展；在苏丹，沙漠每天向草原前进 16 米；在巴基斯坦和印度，每年有 130 平方千米的土地变为不毛之地……目前，全球陆地面积的 1/3 即 4500 万平方千米的土地受到沙漠化的威胁，受沙漠化影响的人口达 8.5 亿以上。中

国是世界上千个地区和沙漠分布最多的国家之一，沙漠浩瀚千里，呈一弧形条带绵亘于中国的西北、华北、东北西部。受沙漠化威胁的土地面积为33.4万平方千米。

"沙漠化"这个术语本身已经很形象了，如果运用科学的定义，就是因植被破坏等原因而导致盐碱化、板结、营养成分损失，最终使其生物潜力不断降低的土地退化过程。

沙漠亘古有之。然而在过去的千百年中，谁也没有想到那聚集在一起的细细的颗粒会发展成今天这般疯狂。建于公元前3000年的巴比伦，曾是古代西亚的最大城市，公元2世纪被风沙埋没，化为废墟。然而沙漠向人类发出的第一声警报并未引起人类的注意，直到20世纪40年代末期，"沙漠化"这

土地沙漠化

个术语才姗姗问世。真正把沙漠化同生态环境联系起来作为一个世界性的问题来看待，不过是近十几年的事情，这毕竟太晚了！人类终于明白了，造成如此严重的全球沙漠化问题的罪魁祸首正是他们自己。过度放牧、滥伐森林、不合理耕作和水资源利用不当等人类活动是导致土地沙漠化的主要原因。大自然每形成1厘米厚的可供利用的土层需要100～150年，而沙漠化却可以在顷刻之间使大片沃土变为不毛之地。

今天，各国政府和人民终于有了一个共识：必须携手遏止沙漠化，并且治理它。否则，别说是社会发展，人类就连填饱肚子也成问题。目前，具体的治沙方法很多，归纳起来有化学治沙、物理治沙、生物治沙等。日本、沙特阿拉伯等国在治沙方面取得了经验，他们采用计算机控制滴灌、喷灌，施用新型保水剂等措施，为沙漠农业展示了可喜的前景。中国科学

院兰州沙漠研究所在治沙方面有独到之处，成绩也十分显著。曾被联合国环境规划署授予"全球环保先进单位"称号。

然而，大地皮肤的溃疡病毕竟是顽症，短时间是难以治愈的。"地球大陆是否会被沙漠吞噬？"真正回答这个问题要靠人类世世代代的努力。

来自土壤污染的惩罚

土壤是供给植物生长发育必不可少的水、肥、气、热的主要源泉，也是营养元素不断更新的场所。它与外界物质不停地进行着交换和循环，也在内部不停地进行着生物、化学和物理变化。从外界进入土壤的物质，存一定限度内能通过这些变化而转化，达到净化的效果，以维持其正常的物质循环和肥沃特性，这个限度就是土壤容量。当进入土壤的污染物质数量和强度超过了这个容量，肥沃土壤的特性就会遭受破坏。此时，土壤中虽有丰富的氮、磷、钾和微量营养元素，庄稼产量也会降低，质量必然变劣。例如，位于新石器时代半坡遗址附近的西安浐河地区，已有 5000 年的耕作栽培历史，土地肥沃，庄稼长得郁郁葱葱，收获季节一片金黄，农田生态环境处于良性循环状态。后因工厂不合理堆放和排放含硼废渣和废水而污染地下水，农民长期用这种含硼井水灌溉农田，致使土壤水溶性硼含量比一般土壤高出几十倍。庄稼因而出现绿中有黄、黄中间绿的受硼害症状，产量最大幅度降低。蔬菜和粮食中的硼含量也高出一般蔬菜和粮食十几倍。当地群众因饮用高含硼量的水，食用高含硼量的蔬菜和粮食而普遍腹泻——硼肠炎。由于采取了治

土壤污染

91

理硼污染的多种措施，目前该地区的农田生态环境已恢复正常，人群腹泻现象也已消除。

如果从农业生产的传统观念看，当土壤被污染后，庄稼长相和产量即使未明显受到影响，但农产品中所含污染物质的浓度超过了一定标准，对人体健康就会构成威胁而不能食用。以镉污染为例，在有色金属冶炼、电镀、塑料、油漆、印染和电机等行业中，广泛生产或应用镉，当含镉废气、废水或废渣因不合理排放而长途跋涉进入农田，而且其数量和强度超过了土壤的自净能力，镉就定居下来，由于镉对庄稼的毒性不强，所以庄稼的长相和产量并未出现异常现象。但在这种被镉污染的土壤上收获的粮食，蔬菜和瓜果却富集了相当多的镉。因此，在你餐桌上的美味佳肴中就不声不响地多了一位不速之客——镉。如果经常食用含镉量约1%的大米（约为一般大米含镉量的10倍）或含镉量高的蔬菜和瓜果，就有可能患疼疼病，其病因是镉在人体的骨骼中取代钙而大量积累，造成了以骨损伤为主的中毒病症。污染土壤中的其他有毒物质可被庄稼富集经食物链引发人体多种疾病，诸如：汞可引起脑、肝和肾等组织的慢性中毒；铅可引起铅性神经痛和损害男性生殖腺；钼可引起钼痛风；氟可引起斑釉齿和氟骨症；铜可引起贫血、溶血性黄疸和肝病；砷可引起黑脚病或皮肤原位癌。

纵观人类的发展史，土壤对物质文明的贡献是首屈一指而且是当之无愧的。然而在现代工业迅猛发展的今天，保护土壤"纯净"的重要意义却往往被遗忘，这实在太不公平了。须知土壤一旦受到污染则很难恢复其活力。因此，经常监测，及早防治土壤污染是上策；切断有毒物质通过土壤进入粮食、蔬菜和瓜果，最终危害人体健康的途径，则是上上策。否则，土壤必将对人们肆无忌惮的冒犯予以惩罚。

巨型水母泛滥成灾

在日本西北部若狭湾海域，过去渔民不常见的巨型水母，如今却是泛滥成灾：短短几分钟之内，如同小冰箱般大小、一团橘红色的巨型水母随着渔网浮出海面，带有毒液的触须死死地缠住渔网，这群不断蠕动的生物甚至把打捞上来的鱼都挤掉了。更让人担忧的是，伴随着全球变暖趋势日益明显，水母泛滥成灾的情况，近年来在很多国家的沿海海域早已司空见惯，导致了多国旅游与渔业受到影响。

日本：巨型水母重创日本渔业

看着打捞上来的这群"庞然大物"，日本渔民只有嘟囔着把这些半透明的水母扔回大海，这种巨型水母重达 200 千克。作为海洋中的侵略者，水母泛滥正威胁渔民的生计。2009 年 11 月 2 日，日本一艘 10 吨重渔船在日本东部海域因所捞水母过重出现翻船事故。

巨型水母

越前水母是世界上最大水母，直径长达 2 米。在日本西北部的狭长海域，渔民一整天的捕捞都会因这种水母的闯入化为乌有。与水母一起落网的鱼类，要么被水母毒液毒死，要么就被水母刺死。在全球变暖的影响下，日本周边海域近年每年秋季都大量聚集水母，已经严重影响渔业生产。今年 9 月下旬，有人就开始发现越前水母大量涌现，令日本渔民叫苦不迭。在青森县八户港，旺季的秋季鲑鱼捕获量比去年减少一半；在三泽渔港，比目鱼等捕获量比去年同期减少 60%。这次水母"大爆发"对渔业的影响，将会持续到明年。

西班牙：水母"入侵"影响旅游

与日本海域渔民经历类似是，西班牙沿海也在遭遇水母入侵，西班牙地中海沿岸和南部一些近海海域有水母群大量聚集，对其渔业与旅游业造成了严重影响。仅在 2012 年 8 月份的一周里，西班牙南部城市加的斯就有大约 1200 人被水母蜇伤，几乎是正常年份的 9 倍，这也让很多游客对西班牙的海滩望而却步。

9 月中旬，海洋研究组织公布的研究称，由于气候变化、环境污染和过度捕捞等原因，西班牙沿海出现大量水母，这对西班牙的渔业和旅游业将产生严重影响，水母"入侵"西班牙影响旅游的情况，早于 2006 年就开始显现，当年出现了大量游客被蜇伤事故。

法国：度假区遭水母侵袭

2008 年 7 月，法国南部闻名于世的度假区蔚蓝海岸曾遭水母入侵，逾 500 名游泳的人及日光浴人士被蜇。此前，虽然蔚蓝海岸耗资 8 万欧元铺设了防水母网，但还是遭到了数以十万计的水母侵袭，这些水母不仅在沙滩游泳范围内出没，还随着海浪冲上沙滩。对此，专家归咎于全球暖化和过度捕鱼，令到水母数量异常急升。

澳大利亚：水母成患年蜇伤 3 万人

有研究者在澳大利亚沿海也发现如同相扑运动员般大小的巨型水母。早在 2007 年，数据统计显示，一种名为"蓝瓶"的水母大量聚集澳大利亚东部海滩，这种有"葡萄牙战舰"之称的水母，曾在 2006 年蜇伤过 3 万名游泳者。当年，在澳大利亚世界杯游泳赛期间，由于水母突然"占领"泳池，一些运动员只得被迫中途弃权。

全球变暖导致水母数量激增

科学家认为，气候变化下的海洋变暖，导致了近 2000 种水母中的一些物种扩大了活动范围，不但每年出现的时间提前，而且整体数量也在增加，这就像气候变暖导致虱类、树皮甲虫以及其他昆虫扩散到新的纬度一样。

近年来，海洋中水母的数量不断增加，已经威胁到其他海洋生物的生存和人类活动，致大批其他海洋生物的死亡，让原本生机勃勃的海湾成为一个个"死亡地带"。美国国家科学基金会的报告指出，每年全球大概有1.5亿宗水母伤人事件发生。

海洋生物学家认为，过度捕捞海洋鱼类等人类活动，以及气候变暖都是水母数量激增的原因。对水母肆虐的原因，中日韩学者普遍认为，全球变暖使海水温度提高，使海洋更适宜水母繁殖，从而使水母数量成倍增长。对此，华盛顿大学的海洋学家詹尼弗·伯塞尔也发现，在全球至少11个海域，水母成灾与气候变暖有关。

无 锡 太 湖 蓝 藻 事 件

2007年夏天，中国的五湖之一——太湖，发生了严重的蓝藻水污染事件。无锡太湖局部水域在5月29日爆发蓝藻引发无锡城市水危机之后，太湖梅梁湾西部水域，再一次出现蓝藻聚集的现象。

蓝藻又称蓝绿藻，是地球上最早出现的生物之一。常见的种类有色球藻、念珠藻、地木耳、发藻等。蓝藻无真正的细胞核，属于原核生物。蓝藻细胞内含叶绿素，能进行光合作用并放出氧气，放氧是蓝藻与光合细菌的主要不同之处。其含有胡萝卜素、叶黄素、大量的藻蓝素及藻红素等，所以多数蓝藻呈蓝绿色，有的呈红色或黄褐色。蓝藻生命力极强，可生活在淡水、海水、潮湿的岩石、土壤，甚至树干上；而且在极热、极冷或非常干燥的气候环境中均能生存。有些蓝藻是名贵食品（如发菜），有的蓝藻死后沉积海底形成藻礁，可以作为建筑材料，固氮蓝藻能提高土壤肥力。蓝藻有时也造成危害，在湖水遭到严重有机污染，氮、磷含量超标

蓝 藻

呈重富营养化状态下，再遇上适宜的温度（气温在 18℃左右）等条件，蓝藻就可能爆发疯长。蓝藻其实呈绿颜色，大量浮藻覆盖在水面上像一层粘糊糊的"绿油漆"，专家们为它取了个靓丽的名称——蓝藻水华。水华爆发时，水中的溶解氧被蓝藻大量消耗，鱼类等其他水生生物因缺氧而死亡，水体不仅变了颜色，还有臭味。长期如此，湖泊失去了功能，成为死湖。

更为严重的是，蓝藻中有些种类（如微囊藻）还会产生毒素（简称MC），大约50%的绿潮中含有大量MC。MC除了直接对鱼类、人畜产生毒害之外，也是肝癌的重要诱因。

无锡水污染事件并不是孤立的事件。近年来我国水污染事件出现频发的态势。国家环保总局的调查显示，自2005年底松花江事件以来，我国共发生140多起水污染事故，平均每两三天便发生一起与水有关的污染事故。

据资料显示，这些年来，数以千计的污染企业在太湖沿岸聚集。尽管太湖治理一直没有停歇，但治理的速度终究赶不上污染的速度。这些污染企业普遍缺乏社会责任感，没有承担起自己的社会责任，只顾追逐企业自身利益，严重破坏了周边的自然环境。

邪恶的"圣婴"——厄尔尼诺

流经南美沿岸的秘鲁海流是一支冷洋流，在几乎与秘鲁海岸平行的东南信风的吹送下，表层海水离岸外流，深层海水上涌补充，同时将营养盐类挟至上层，因而浮游生物繁盛，吸引大量秘鲁沙丁鱼等冷水性鱼类在这儿繁衍、栖息，使该地区成为著名的东南太平洋渔场。可是在某些年份，东南信风暂时减弱，太平洋赤道逆流的南支越过赤道沿厄瓜多尔沿岸南下，使厄瓜多尔和秘鲁沿岸水温迅速升高，冷水性浮游生物和鱼类因未适应新的环境而大量死亡。由于沿海水温上升

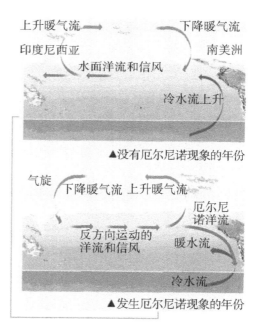

厄尔尼诺现象的示意图

在圣诞节即圣子耶稣诞辰前后最为激烈，秘鲁居民将这种海水温度季节性上升的现象称为厄尔尼诺（厄尔尼诺为西班牙文音译，意为圣婴）。

厄尔尼诺带来的灾难

厄尔尼诺发生时，秘鲁渔获量严重减少，并波及世界饲料市场供应；鱼类尸体堆积在海滨，污染了周围的海水；沿岸地区和岛屿上的海鸟因缺乏食物纷纷逃离，影响了鸟粪工业生产，使工人失业。厄尔尼诺不仅给南美沿岸人民生活带来巨大灾难，也往往酿成全球性的灾难性气候异常，如

连续出现的世界范围的洪水、暴风雪、旱灾、地震等，报纸上概称为"厄尔尼诺现象（事件）"，科学家们则把那些季节升温十分激烈，大范围月平均海温高出常年1℃以后的年份才称为厄尔尼诺年。1982～1983年，通常干旱的赤道东太平洋降水大增，南美西部夏季出现反常暴雨，厄瓜多尔、秘鲁、智利、巴拉圭、阿根廷东北部遭受洪水袭击，厄瓜多尔的降水比正常年份多15倍，洪水冲决堤坝，淹没农田，几十万人无家可归。在美国西海岸，加州沿海公路被淹没，内华达等五个州的洪水和泥石流巨浪高达9米。在太平洋西侧，澳大利亚由于干旱引起灌木林大火，造成多人死亡；印度尼西亚的东加里曼丹发生森林大火，并殃及马来西亚和新加坡；大火产生的烟雾使马来西亚空运中断，3个州被迫实行定量供水，新加坡的炎热是35年来最严重的。据统计，本次厄尔尼诺事件在世界范围造成的经济损失约为200亿美元。范围可达整个热带太平洋东部至中部。现在，"厄尔尼诺"一词已被气象学家和海洋学家专门用来指赤道中、东太平洋海水的大范围异常增温现象。一些专家学者的研究表明，厄尔尼诺与印度、东南亚、印度尼西亚、澳大利亚等地的干旱，赤道中太平洋岛屿、南美洲太平洋沿岸厄瓜多尔、秘鲁、智利、阿根廷等国的异常多雨有着密切的关系，与西北太平洋、大西洋热带风暴的减小、日本及我国东北的夏季低温，我国的降水等也有一定的相关性。

厄尔尼诺现象导致的灾害

1997年3月起，热带中、东太平洋海面出现异常增温，至7月海面温度已超过以往任何时候，由此引起的气候变化已在一些地区显露出来。多种迹象表明，赤道东太平洋的冷水期已经结束，开始向暖水期转换。科学家们由此认为，新一轮厄尔尼诺现象开始形成，并将持续到 1998 年。也正是从这一刻起，地球上的气候开始乱了套。

在南部非洲，厄尔尼诺带来了自 1997 年来最严重的干旱，并使大约 500 万人口面临饥荒的威胁；在西太平洋地区，厄尔尼诺抑制了降雨，使印度尼西亚和巴布亚新几内亚陷入了干旱并引起森林火灾；东太平洋沿岸国家智利、秘鲁、厄瓜多尔、阿根廷、乌拉圭和巴西东部暴风雨和雪成灾。智利全国 13 个大区有 9 个遭受水灾，灾民超过 5.1 万。在阿根廷和智利边境地区，安第斯山区积雪最深达 4 米，公路被阻，人员被围。在厄瓜多尔沿海地区，更是山洪暴发，通讯中断，成千上万人无家可归。引起这一海洋生物灾难的是秘鲁寒流北部海区的一股自西向东流动的赤道逆流——厄尔尼诺暖流，它一般势力较弱，不会产生什么影响。在厄尔尼诺现象发生的年份，它的活力增强，在受南美大陆的阻挡之后，就会掉头流向南方秘鲁寒流所在的地区，使这里的海水温度骤然上升 3℃～6℃。原来生活在这一海区的冷水性浮游生物和鱼类由于不适应这种温暖的环境而大量地死亡，以鱼类作食物的海鸟、海兽因找不到食物而相继饿死或另迁他处。灾难最严重的几天，秘鲁首都利马外港卡亚俄海面和滩地上到处是鱼类、海鸟及其他海洋动物的尸骸。死亡的动物尸体腐烂产生硫化氢，致使海水变色，臭气熏天，使泊港舰船的水下船壳变黑，并随着雾气或吹向大陆的海风泼向港口附近的建筑物和汽车，在它们表面也涂上了一层黑色，就像是有人用油漆漆过一样。当地人便把这件厄尔尼诺的"涂鸦"之作称为"卡亚俄漆匠"。

厄尔尼诺现象发生时，由于海温的异常增高，导致海洋上空大气层气温升高，破坏了大气环流原来正常的热量、水汽等分布的动态平衡。这一海气变化往往伴随着出现全球范围的灾害性天

厄尔尼诺现象的影响

99

气：该冷不冷、该热不热，该天晴的地方洪涝成灾，该下雨的地方却烈日炎炎焦土遍地。一般来说，当厄尔尼诺现象出现时，赤道太平洋中东部地区降雨量会大大增加，造成洪涝灾害，而澳大利亚和印度尼西亚等太平洋西部地区则干旱无雨。据不完全统计，20世纪以来出现的厄尔尼诺现象已有17次（包括最新一轮1997～1998年的厄尔尼诺现象）。发生的季节并不固定，持续时间短的为半年，长的有一两年。强度也不一样，1982～1983年那次较强，持续时间长达两年之久，使得灾害频发，造成大约1500人死亡和至少100亿美元的财产损失。

同前几次一样，新一轮的厄尔尼诺现象也影响到了中国。最明显的表现是它能使来自东南部海洋上的夏季风强度减弱，造成夏季降雨带的位置偏南，出现南方暴雨成灾、北方旱象严重的异常现象。6～8月期间，北方大部分地区都出现异常高温，首都北京这一时期天气闷热异常，使得空调机的销售出现空前兴旺的景象。我国往年夏季高温所在地区长江中下游一带，重庆、武汉、南昌、南京四大"火炉"却有两个"熄火"。地处北方的山东等省份因持续高温，出现了罕见的旱灾，黄河山东利津水文站断流达222天，严重影响了工农业生产和人民的生活。与此同时，南方许多地区的雨量大大高于往年，还有中国11月10日全国大范围降温导致南方平均温度比常年低了10℃，冬天早了15天，东北及北方比常年平均温度低了大约15℃，冬天早了1个月。据有关资料，澳门1997年全年前8个月的降雨量超过了过去40年的年平均降雨量；香港的降雨量也打破了有史以来的降水纪录。"七一"香港回归那天，持续不断的大雨自始至终伴随着隆重的交接仪式，令人印象深刻。总的来看，在厄尔尼诺现象的作用下，中国大部分地区冬季的温度比正常年份高，南涝北旱现象比较明显。

"圣婴"之后有"女婴"

拉尼娜是指赤道太平洋东部和中部海面温度持续异常偏冷的现象（与厄尔尼诺现象正好相反），是气象和海洋界使用的一个新名词，意为"小女孩"，正好与意为"圣婴"的厄尔尼诺相反，也称为"反厄尔尼诺"或

"冷事件"。

拉尼娜现象就是太平洋中东部海水异常变冷的情况。东信风将表面被太阳晒热的海水吹向太平洋西部，致使西部比东部海平面增高将近60厘米，西部海水温度增高，气压下降，潮湿空气积累形成台风和热带风暴，东部底层海水上翻，致使东太平洋海水变冷。

太平洋上空的大气环流叫做沃尔克环流，当沃尔克环流变弱时，海水吹不到西部，太平洋东部海水变暖，就是厄尔尼诺现象；但当沃尔克环流变得异常强烈，就产生拉尼娜现象。一般拉尼娜现象会随着厄尔尼诺现象而来，出现厄尔尼诺现象的第二年，都会出现拉尼娜现象，有时拉尼娜现象会持续两三年。1988～1989年，1998～2001年都发生了强烈的拉尼娜现象，1995～1996年发生的拉尼娜现象较弱，有的科学家认为，由于全球变暖的趋势，拉尼娜现象有减弱的趋势。

拉尼娜对森林火灾的影响

气象和海洋学家用来专门指发生在赤道太平洋东部和中部海水大范围持续异常变冷的现象（海水表层温度低出气候平均值0.5℃以上，且持续时间超过6个月以上）。拉尼娜也称反厄尔尼诺现象。

厄尔尼诺和拉尼娜是赤道中、东太平洋海温冷暖交替变化的异常表现，这种海温的冷暖变化过程构成一种循环，在厄尔尼诺之后接着发生拉尼娜并非稀罕之事。同样拉尼娜后也会接着发生厄尔尼诺。但从1950年以来的记录来看，厄尔尼诺发生频率要高于拉尼娜。拉尼娜现象在当前全球气候变暖背景下频率趋缓，强度趋于变弱。特别是在20世纪90年代，1991～1995年曾连续发生了三次厄尔尼诺，但中间没有发生拉尼娜。

最近一次拉尼娜现象出现在 1998 年，持续到 2000 年春季趋于结束。厄尔尼诺与拉尼娜现象通常交替出现，对气候的影响大致相反，通过海洋与大气之间的能量交换，改变大气环流而影响气候的变化。从近 50 年的监测资料看，厄尔尼诺出现频率多于拉尼娜，强度也大于拉尼娜。

拉尼娜常发生于厄尔尼诺之后，但也不是每次都这样。厄尔尼诺与拉尼娜相互转变需要大约 4 年的时间。

中国海洋学家认为，中国在 1998 年遭受的特大洪涝灾害，是由"厄尔尼诺—拉尼娜现象"和长江流域生态恶化两大成因共同引起的。中国海洋学家和气象学家注意到，去年在热带太平洋上出现的厄尔尼诺现象（我国附近海洋变冷）已在一个月内转变为一次拉尼娜现象（我国附近海水变暖）。这种从未有过的情况是长江流域降雨暴增的原因之一。这次厄尔尼诺使中国的气候也十分异常，1998 年 6 月至 7 月，江南、华南降雨频繁，长江流域、两湖盆地均出现严重洪涝，一些江河的水位长时间超过警戒水位，两广及云南部分地区雨量也偏多五成以上，华北和东北局部地区也出现涝情。拉尼娜也会造成气候异常。中科院院士、国家海洋环境预报研究中心名誉主任巢纪平说，现在的形势是：厄尔尼诺的影响并未完全消失，而拉尼娜的影响又开始了，这使中国的气候状态变得异常复杂。

一般来说，由厄尔尼诺造成的大范围暖湿空气移动到北半球较高纬度后，遭遇北方冷空气，冷暖交换，形成降雨量增多。但到 6 月后，夏季到来，雨带北移，长江流域汛期应该结束。但这时拉尼娜出现了，南方空气变冷下沉，已经北移的暖湿流就退回填补真空。事实上，副热带高压在 7 月 10 日已到北纬 30°，又突然南退到北纬 18°，这种现象历史上从未见过。

"拉尼娜"是一种厄尔尼诺年之后的矫正过渡现象。这种水文特征将使太平洋东部水温下降，出现干旱，与此相反的是西部水温上升，降水量比正常年份明显偏多。科学家认为："拉尼娜"这种水文现象对世界气候不会产生重大影响，但将会给广东、福建、浙江乃至整个东南沿海带来较多并持续一定时期的降雨。

2000 年 9 月，美国国家航空航天局称，在过去的 3 年中，厄尔尼诺和拉尼娜引起天气异常。它们将不再影响热带地区，但其他地区还将受其影响。大西洋和太平洋的热带地区的气温和水位已经恢复到正常水平。太平洋中部的海水水位比正常值高 14～32 厘米，而白令海和阿拉斯加湾的水位却低于正常值 5～13 厘米。该局喷气推进实验室的海洋学家威廉·帕策尔特说，目前这种平静状况始于 3 个月前的拉尼娜的消逝。他认为全球气候系统已恢复到 3 年前的状态。

探索厄尔尼诺

在探索厄尔尼诺现象形成机理的过程中，科学家们发现了这样的巧合：20 世纪 20 年代到 50 年代，是火山活动的低潮期，也是世界大洋厄尔尼诺现象次数较少、强度较弱的时期；50 年代以后，世界各地的火山活动进入了活跃期，与此同时，大洋上厄尔尼诺现象次数也相应增多，而且表现十分强烈。根据近 100 年的资料统计，75% 左右的厄尔尼诺现象是在强火山爆发后 1.5～2 年间发生的。这种现象引起了科学家的特别关注，有科学家就提出，是海底火山爆发造成了厄尔尼诺暖流。

近年来更多的研究发现，厄尔尼诺事件的发生与地球自转速度变化有关，自 50 年代以来，地球自转速度破坏了过去 10 年尺度的平均加速度分布，一反常态呈 4～5 年的波动变化，一些较强的厄尔尼诺年平均发生在地球自转速度发生重大转折年里，特别是自转变慢的年份。地转速率短期变化与赤道东太平洋海温变化呈反相关，即地转速率短期加速时，赤道东太平洋海温降低；反之，地转速率短期减慢时，赤道东太平洋海温升高。这表明，地球自转减慢可能是形成厄尔尼诺现象的主要原因。分析指出，当地球自西向东旋转加速时，赤道带附近自东向西流动的洋流和信风加强，把太平洋洋面暖水吹向西太平洋，东太平洋深层冷水势必上翻补充，海面温度自然下降而形成拉尼娜现象。当地球自转减速时，"刹车效应"使赤道带大气和海水获得一个向东惯性力，赤道洋流和信风减弱，西太平洋暖水

103

向东流动，东太平洋冷水上翻受阻，因暖水堆积而发生海水增温、海面抬高的厄尔尼诺现象。

历史记录显示，自1949年至1990年的40余年间共发生10次厄尔尼诺现象，平均3.5年一次，而90年代以来的最近几年里竟出现了4次（1991年～1992年、1993年、1994年～1995年、1997年～1998年），实属历史罕见。而且，90年代以来太平洋海温长期持续偏高，时起时伏的厄尔尼诺现象伴随着全球气温持续异常，自然灾害特别是气候巨灾频发。这表明，近年来厄尔尼诺现象的发生有加快、加剧的趋势。

是谁在助长"圣婴"、"女婴"作恶？

人们已经认识到，除了地震和火山爆发等人类无法阻止的纯粹自然灾害之外，许多灾害的发生同人类的活动有密切的关系。"天灾八九是人祸"这个道理已被越来越多的人所认识。那么肆虐全球的厄尔尼诺现象是否也受到人类活动的影响呢？近些年厄尔尼诺现象频频发生、程度加剧，是否也同人类生存环境的日益恶化有一定关系？有科学家从厄尔尼诺发生的周期逐渐缩短这一点推断，厄尔尼诺的猖獗同地球温室效应加剧引起的全球变暖有关，是人类用自己的双手，助长了"圣婴"作恶。

人类最终彻底走出"厄尔尼诺"怪圈，也许就取决于人类自己对自然的态度。1998年2月3～5日，来自世界各国的100多名气象专家聚集曼谷，研讨对付"厄尔尼诺"的良策。科学家们认为，在预测厄尔尼诺现象方面，人类已取得了长足的进步。不少因"厄尔尼诺"造成的灾害得到了较为准确和及时的预测，使人类能够未雨绸缪。科学家发出了这样的呼吁：拯救大自然，也就是拯救人类自己。

无形的杀手——臭氧层空洞

臭氧层空洞导致皮肤的损害及皮肤癌

地面紫外辐射量的上升将同时加强其对人体皮肤所造成的长期和短期有害后果。大量暴露于太阳辐射中可能会导致严重晒伤。长期暴露于辐射中可能导致皮肤变厚以及产生皱纹、失去弹性并增加得皮肤癌的可能。晒伤和皮肤癌主要是由 UV—B 所致其波长最多在 300 毫微米左右，而其他不良后果则与 UV—A 有更多关系。

高加索种人群中得皮肤癌的危险性最大，其中又以浅色人种危险性最大，根据进化论观点可以理解这点。古代深色皮肤人群从他们的原居住点（假定在太阳暴晒的东非）移居到高纬度的欧洲、中国及其他地区，这使他们所受的太阳照射减少了。为了保持皮肤中足够的由于阳光才能产生的维生素 D，自然选择可能致使皮肤色素沉着减少以使更多的紫外辐射进入。这种选择的机制可能有着相当无情的直接后果；因缺少维生素 D 会引起软骨病（骨头变软、变形），在高纬度地区居住的深色皮肤的女人不正常的盆骨可能在身体上已经直接反映出她们的生育受到了损害。这就是自然选择的主要准则。浅色皮肤的移居者可能因此就最终在基因库中取得优势。（有趣的是，现在向欧洲国家移民的南亚、非洲和西印度人显示出了这一古老问题重新出现的证据，已有报道说在那些深色皮肤移民中有人得佝偻病。）在那些移民高纬度地区的早期人群中，由自然选择所产生的肤色变浅从长期来看可能提高了他们得皮肤癌的危险性，然而，在下一代成人身上所增加的得皮肤癌的危险性与自然选择几乎没有关系。

太阳辐射增加是皮肤癌的主要原因之一，由于臭氧层空洞而引起人体暴露于太阳辐射的机会增多，使人们认为会引起皮肤癌的上升。但上升到怎样的程度？近年来许多不同领域的科学家已解决了这个问题。传统的流行病学家可能偏好于一种等着看的个体计数的方法；而一个对社会有用的回答是从由现在作出的估计中得出的，而不是从 21 世纪初开始出现的真正的临床观察中得出的。

首先，如果我们知道存在于同温层中的假定的臭氧减少量与相应的地面上 UV—B 辐射量的变化结果（被称为辐射放大因素）之间的关系。其次，如果我们知道存在于更多接触 UV—B 机会与更多得皮肤癌的机会之间的剂量反应倍数（生物放大因素），这样，随着臭氧减少而与其有关的将来皮肤癌上升的危险性就有可能被估计出来。第一个关系正通过直接的环境测量而得到明确结果，包括阐明由于对流层污染物而正在造成的混乱。第二种关系可用几种方法来估计，尤其是通过估计浅色人种与接触紫外辐射程度的不同而导致的皮肤癌发病率的地区性差异。但这里我们要注意，我们所观察到与纬度有关的皮肤癌发病率的差异有多少是由于周围辐射水平的差别造成的？有多少是比如职业、娱乐和服饰这样的人们行为模式的差别造成的？由于这些复杂的反映局部太阳平均辐射程度的行为变化（被流行病学家确认为一种"复杂"的变量，一种使在自由人口中进行非实验性研究很困难的变量），从沉溺于吃喝玩乐的人群中获得的数据可能不能精确地反映真实的剂量反应关系的强度。比如说，处于低纬度的昆士兰人戴着宽边帽而高纬度人则不戴，则澳大利亚真实的与纬度有关的得皮肤癌的危险性就会因为简单地比较他们的皮肤癌发病率而被低估。

1991 年联合国环境规划署估计，臭氧每消失 1%，引起癌症的 UV—B 的剂量就会上升 1.4%，并引起基细胞癌和鳞状细胞癌的发病率分别上升 2.0% 和 3.5%。联合国环境规划署估计，臭氧每消耗 1%，会引起非黑素皮肤癌上升 2.3%。根据 IPCC 的全球变暖的估计，这些对辐射和生物放大因素的估计都存在一个不确定区，大约增减 1/4。黑素瘤的生物放大因素则更不确定，它处于 0.5% ~ 10% 之间。联合国环境规划署预测，如果臭氧平均减少 10%（像那些在高纬度已经出现的情况），并且全球性持续 30 ~ 40 年，将会引起全世界每年至少多出 30 万例的非黑素性皮肤癌及多出 4500 例恶性黑素瘤，也许两倍于此数。

增加与 UV—B 接触的机会对皮肤癌发病率的影响相当于将人群移居到低纬度地区。比如在澳大利亚的塔斯马尼亚（南纬 40 度左右），按照现在的发展趋势，再过 40 年，比如 1980 年～2020 年，臭氧层的消耗将每年增加 15%，而这又将使非黑素皮肤癌增加约 1/3。对塔斯马尼亚地区的人而言，这等于沿着澳大利亚东海岸往上走到一半的地方居住，约在南纬 30 度。从长远来看，到 21 世纪中期，在住在两个半球高纬度地区的浅肤色人群中，由于同温层臭氧的持续消耗，皮肤癌的发病率会由此上升50%～100%。

目前，所有这些估计都由于技术上和统计上的不确定性而不太明确。这些不确定性是由于人们行为的难以预测的适应性变化（如臭氧消失报告已成为我们日常天气报道中的常规部分）及对流层空气污染的局部性波动的结果所造成的。对全世界敏感人群中真实皮肤癌发病率的监测至少在几十年中不会提供危险性改变的明显的证据。针对这种滞后情况，国际癌症署（世界卫生组织的一个机构）正在研究开发建立一种提供早期警告的人群监测体系的新方法。这种系统可能包含对早期与癌症有关的皮肤细胞损伤的测定，包括有特别基因变异的发生情况，这些测定是在居住在不同地理位置因而与 UV—B 辐射接触的程度也不同的选择的人群中进行的。

臭氧层空洞对眼睛的影响

打个不恰当的比喻，当说到对紫外辐射的自然保护时，眼睛就是身体的"阿喀琉斯之踵"。这种辐射能相对自由地穿透过去的身体上的一部分就是眼睛——这是我们为能看到东西而付出的不可避免的代价。

角膜（在彩色的虹膜和瞳孔外面透明的一层）和能聚光的晶状体（位于虹膜后面）过滤掉太阳光中高能量的紫外辐射，不然，就会灼伤眼底后面接收光线的视网膜，结果，投射到角膜的紫外辐射中仅不多于 1% 能真正到达视网膜。然而，接触紫外线能通过损伤角膜晶状体和视网膜而逐渐损害视力。另外，因为投射的紫外辐射中通过晶状体的比例随着年龄上升而下降，孩子们对作用于视网膜的后果尤其敏感。

经过几十年，这种对紫外线保护性的吸收，使本来透明的一些组织变色（牛奶黄，尤其是晶状体中蛋白质的结晶体）。UV—B有足够的能量破坏角膜及晶状体中有机过氧化物分子，并放出非常活泼的、更小的自由基分子，包括氢氧根。在代谢活泼的角膜细胞中，醛脱氢酶消除由这些反应产生的醛。在更稳定的晶状体材料内部，这种自由基导致晶状体蛋白质的光氧化分解和交联，这会使晶状体失去透明性，人们认为这个过程会因缺乏营养而加强，即缺少蛋白质和几种维生素（尤其是维生素A、维生素C和维生素E），它们提供针对自由基分子打击后果的抗氧化保护。这有助于解释在非洲一些缺乏营养的人群中有着非常高的白内障发生率。

根据各种流行病学研究，美国环境保护署预测，与UV—B的接触量每增加1%，高龄白内障的发病率将提高4%和6%，这种提高在50岁左右比在70岁时更大。那种估计将核型及皮质型白内障放在一起考虑，尽管它们可能与接触UV—B有着不同的联系。

因为我们对白内障与紫外辐射间的关系及对面临的臭氧层损害的趋势还没有把握，所以对未来白内障上升的估计也只能是非常大概的。美国环境保护署已对目前美国人中将增加的白内障数作出了估计，这是CFCS排放的六个全球性后果的反映，估计数量从1万增至323.9万。最近，联合国环境规划署预计，持续10%的同温层臭氧的消失引起世界每年高达175万例额外的白内障病例。长期与太阳光接触可能会引起近视及晶状体前部包膜的变形而损害视力，对这一点联合国环境规划署已提出了最新的证据。

UV—B对眼结膜——覆盖于白眼球和角膜之上的透明层——有着更明显的影响，接触强烈的UV—B会导致光角膜结膜炎（发生时通常像"雪盲"），而接触量持续增加可能增加眼翳的发生率。对翼手龙（有翅膀的恐龙）而言，翳是眼粘膜上皮增厚而形成的翅膀状的多肉的组织。对在太阳光充足的天气中户外工作的工人而言，这种情况很普遍，这也是视力受损有时也是致盲的一个原因。上面提到的对"水上作业者"的研究发现了个体与 UV—B 接触和眼翳的发生以及气候性点状角膜病的发生（一种变性蛋白质在角膜中沉降的现象，会引起不透明性）之间非常强的正向关系。在澳大利亚成年人中，眼翳在土著居民中的发生率为 3%，非土著居民中则约为 10%。从少量的数据中，人们估计紫外辐射量提高 1%，澳洲土著居民眼翳的发病率会上升 2.5%，而非土著居民上升 14%。

在眼室后部的光感神经末梢膜——视网膜——对紫外辐射很敏感。尽管在正常环境下，实际上没有紫外线到达视网膜，同温层臭氧的大量消失却会提高与之接触的可能性。光化学损害的结果会使视网膜退化，从而损害视力。事实上，已有一些尽管不一致但确实有的证据证明这种类型的"黑点"状退化与不断和太阳光接触有关。最后，视网膜上的黑点产生于保护性的脉络膜层，它就像给我们皮肤提供色素的黑色素细胞一样——如果发生异常的话，它们可能会成为恶性黑素瘤的开始。

臭氧层空洞对免疫系统的影响

身体的免疫系统是防御外来抗原性物质的主要屏障，这些物质通常是似蛋白质的分子，像微生物和无生命物质中的灰尘、羽毛屑和花粉颗粒。免疫系统由一个协调良好的组织网、非特定防御性细胞（巨噬细胞和杀手细胞）及专门的且通常是运动的防御性细胞——它们能产生抗体并在体内巡逻以发现并攻击不相容的分子——所组成。与紫外辐射接触的增加会抑制身体的免

吸收紫外线的臭氧层

疫性。对人类而言，这种结果大部分与皮肤色素沉着无关，无论是先天的还是后天的，因此它对全世界都有潜在的意义。

然而，这是一个相对较新的研究领域，因此对其的研究还有许多不确

定因素。事实上，这种生物进化的"目的"，即由于与紫外辐射接触的增多而导致的免疫抑制性效果的"目的"——如果这种目的存在的话——还仍然是一个谜。目前还没有由于免疫系统受影响而导致的健康紊乱是由与地理环境中 UV 相关的变化造成的流行病方面的系统的证据。然而，在老鼠和人类（较小的范围内）身上所进行的实验显示，UV—B 辐射可抑制皮肤的接触性过敏；减少免疫活跃的细胞（胰岛细胞）的数量和功能；刺激对免疫有抑制作用的 T－抑制细胞的产生；改变在血液中循环的有免疫活性的白细胞外形。这些与免疫有关的细胞的数目和功能的紊乱在取消紫外线照射后仅持续几天或几周。它们实际上是选择性效果，并且并不像一些病毒及某些药物一样在人体中引起整体性免疫抑制。

如果免疫系统被严重破坏，当环境中一些感染性微生物与人接触时，机体就不能再生存下去。这样的话，臭氧层消失的一个可能后果就是平时由皮肤中的细胞调控的免疫能力就可能在皮肤感染性和霉菌性疾病的抵抗力方面下降。皮肤是有着高度免疫的活性组织。夏天在脸上由疱状单性病毒（唇疱疹）所引起的不断增多的损害在相当程度上表现了紫外辐射对皮肤免疫活性的影响。对老鼠的研究显示：疱状单性病毒的激活和复制紧跟着由紫外辐射引起的局部免疫防御性的抑制发生。

最新证据表明，紫外辐射可导致更广泛的免疫抑制。尽管这种效果使感染性疾病易发生，因而对公众健康有着潜在的重要意义，然而人方面的研究仍做得很少。被紫外线照射的老鼠对结核菌的免疫反应减弱，且将其从内脏器官中消除的能力也下降。另外，由人工培养的被紫外线照射的皮肤细胞所分泌出的可溶性化学物质细胞浆被注入老鼠身体内时，会抑制巨噬细胞的细菌破坏活性——这是免疫学防线中的第一道防线——也就是滞后型过敏反应。（在控制结核菌方面有关免疫系统重要性的并不好的证据已经在被对免疫有摧毁性的艾滋病毒感染的人身上得到了普遍确认。在被 HIV 感染的人群中，临床结核菌活跃性比率急剧上升，在非洲及最近在印度尤其如此。）由于紫外线导致的对感染的敏感性在一些贫穷国家会变得重要，这些国家内脏功能紊乱性疾病较多，感染性疾病的问题也很普遍，像肺结核、麻风病和黑热病——一种在热带、亚热带国家很普遍的皮肤病，它由沙蝇传播，会引起持续的大面积的疼痛，并由此引发许多疾病，许多人也因此死去。事实上，对老鼠进行的实验性研究显示，像麻风病和黑热病这样的慢性皮肤感染可能会由于皮肤局部的由细胞调控的免疫力受到抑制而特别易受影响。总之，这样或那样的研究报告都显示，由于细菌、真菌、病毒和原生动物引起的感染性疾病都可由于因紫外线而导致的系统免疫抑制而被加剧。联合国环境规划署已经发出警告，与紫外辐射接触的上升可能会因免疫受抑制而对艾滋病的临床发展更有利。

一个相关并潜在的危险将是疫苗有效力的降低。为了获得良好的免疫活力，机体对疫苗的抗原必须作出强有力的反应。对通过皮肤注射疫苗的接种而言（如结核病），由于紫外线引起的对抗原的局部细胞免疫反应受到抑制机体的反应会受到损害。尽管有关这方面的证据还很少，但最近对年轻的成人志愿者进行的一项实验性研究已经发现接触紫外线少量的增加就会损害皮肤对抗原的免疫反应，而足以引起局部晒伤的接触会抑制身体各处没被照射到的部位的反应性。另外，看上去浅、深皮肤人种所受的影响都相同。当世界卫生组织努力使全世界的儿童对主要的传染病有免疫力的时候，任何由于营养和感染而已在免疫学意义上变得更虚弱了的人群中此类免疫反应性的削弱可能会部分地阻碍那种英雄式的努力，尽管这只是推测。

免疫系统也是身体抵御癌症的一个部分。对此强有力的证据来自对那些先天免疫系统缺陷的人、有免疫抑制且进行了器官移植的病人及由于免疫受损而得艾滋病的人进行的研究。所有这些人都有产生癌症的更大的可能性，尤其是非黑素瘤性皮肤癌、淋巴系统癌症（如淋巴癌）及其他几种被认为是由于病毒引起的癌症。在从人体细胞中查找滤过性毒菌的 DNA 的分子生物技术的协助下，人们可能会发现病毒在更大范围内与人类癌症有关，由于紫外线引起的免疫防御所受的抑制可能造成多方面的影响。爱泼斯坦—巴尔病毒（EBV）是一个非常有意义又有趣的例子，因为看上去它应对免疫受抑制人群中发生的淋巴癌负责。它是一种与人类一同进化的古老的病毒，被人们以无症状的感染方式一生携带，且一直被免疫系统的 T 细胞所控制。然而，对免疫系统的抑制——无论是由于对器官移植病人用药还是由于进化的新的艾滋病毒引起的——都会干扰这种良性关系并将 EBV 转变成一种致癌病毒。

与 UV—B 的实验性接触会抑制老鼠的免疫系统，使其对导致癌症的化学物质变得更脆弱。同样，将老鼠皮肤的癌移植给先前照射过 UV—B 的老鼠要比移植给那些没有照射过 UV—B 的老鼠长得更快。这些癌症的增多有可能是由于某种因紫外刺激而形成的白血细胞——抑制性 T 细胞，它存活在正常身体的抗脂肪防御体系中。由此，除了直接导致皮肤癌，与 UV—B 接触可以促使在正常情况下被免疫系统监视着的其他类型的癌变的发生。

臭氧层空洞对水生物种的影响

就光合活性而言，浮游植物群落（微生植物及藻类）是世界上主要生产者中最重要的单组。它们好像海洋之草，每年将几乎 1000 亿吨碳转换成有机物质。它们形成海洋及沿海岸线食物网的基础，而该食物网提供给人类所有蛋白质中的约 1/4。

与 UV—B 接触的增加会对水生生态系统中的浮游植物起负面影响。有数百种浮游植物有机体，它们的体积、光合作用速率、营养成分及对紫外辐射的敏感性不同。浮游植物生活于近水表面，一般缺乏抵御紫外辐射增加的能力。比如，大多数浮游植物不能在水体中对它们的位置进行补偿性改变。因而，如果能穿透海水表面几米以下的 UV—B 的量上升的话，就会对这些物种形成损伤，这主要是通过损伤其光合作用进行的。

在极地的初夏时分，当融化的海冰形成一个适宜稀释了的盐水微环境时，藻类浮游植物数量就会戏剧性地上升。这一过程为海洋动物食物网需要吸收的养分及太阳能的提供打下了基础。由于紫外线导致的对浮游植物的伤害及对无脊椎浮游动物（微动物，包括磷虾，它们以浮游植物为食，并有可能也被 UV—B 直接伤害）的伤害将引起虾及蟹幼体数量的减少，接着是鱼类。无脊椎浮游动物会在海洋表面度过一段时间找吃的并繁衍后代，而与 UV—B 接触增多会减少这段时节的长度，这就产生通常情况下的物种丰富程度减少的后果。

目前关于臭氧层枯竭对在海洋上层的海洋生物造成的危险的估计有大有小。人们已在超过 20 米深的清水到 5 米深的浑水中观察到了 UV—B 对浮游植物产生的不利后果。处于南极臭氧空洞下的浮游植物与其他的浮游植物相比，它们的光合作用活性下降了 6%～12%；这一过程已在一项研究中被人们观察到了。由于环境中紫外辐射的普遍性，生物圈中许多有机体进化出了适合于自然环境的适应性防御能力，特别是有些海洋生物能产生对 UV—B 有吸收性的"隔光"物质，像类黄酮及像克霉唑的氨基酸。但是，是否这些机制也能补偿增加了的紫外辐射还不得而知，尽管有些实验显示了与 UV—B 接触增加，隔光产物也相应增加。几乎能肯定的是，这些补偿是以降低光合作用的生产率的代价换回的。

由紫外线导致的浮游植物活性的抑制将减少海洋对大气中二氧化碳的吸收，因为像陆生植物一样，浮游植物需要它作为新陈代谢的基质。海洋实际上是地球上活性碳最大的储藏库，浮游植物成了将碳从水表面移到深处的重要的"生物泵"，臭氧层消失会由此增强温室效应，这是因为它减少了海洋作为二氧化碳水槽的容积。联合国环境规划署估计，每损失 10% 的海洋浮游植物就会使海洋每年减少吸收二氧化碳 50 亿吨 TNT，等于每年从原油燃烧中人为排放的数量。

另一个更让人深思的问题是，臭氧层消失可能导致海洋生态系统的混乱，浮游植物向大气释放出大量气态二甲基硫化物，其速度是与它每日由太阳光控制的代谢活动相一致的。二甲基硫化物形成硫化气溶胶颗粒——它起到作为云冷凝核心的作用，云形成后以一种反向回馈方式减少了到达海洋表面的紫外辐射。然而，如果海洋微生物由于臭氧层的消失而变少，则甲基硫化物的释放也将减少，形成的云也会变少，更多的紫外辐射就会冲击到海上。而正向反馈方式也会如此发生。正如我们将多次看到的，当涉及生态系统的混乱时，问题常常变得更复杂了。

臭氧层空洞对建筑材料的影响

因平流层臭氧损耗导致阳光紫外线辐射的增加会加速建筑、喷涂、包装及电线电缆等所用材料，尤其是聚合物材料的降解和老化变质。特别是在高温和阳光充足的热带地区，这种破坏作用更为严重。由于这一破坏作用造成的损失估计全球每年达到数 10 亿美元。

无论是人工聚合物，还是天然聚合物以及其他材料都会受到不良影响。当这些材料尤其是塑料用于一些不得不承受日光照射的场所时，只能靠加入光稳定剂和抗氧剂或进行表面处理以保护其不受日光破坏。阳光中 UV—B 辐射的增加会加速这些材料的光降解，从而限制了它们的使用寿命。研究结果已证实短波 UV—B 辐射对材料的变色和机械完整性的损失有直接的影响。

在聚合物的组成中增加现有光稳定剂和抗氧剂的用量可能缓解上述影响，但需要满足下面三个条件：

①在阳光的照射光谱发生了变化即 UV—B 辐射增加后，该光稳定剂和抗氧剂仍然有效。

②该光稳定剂和抗氧剂自身不会随着 UV—B 辐射的增加被分解掉。

③经济可行。目前，利用光稳定性和抗氧性更好的塑料或其他材料替代现有材料是一个正在研究中的问题。

世界各国科学家普遍认为臭氧层耗减是客观存在的现象，对于 CFCS 和哈龙引起臭氧层耗减的看法也基本认同，但要准确估计臭氧层耗减对人类和生态环境的危害程度，还要做大量的科学研究工作才能确定。

温室效应带来的灾难

对环境影响

1. 气候转变：“全球变暖”

温室气体浓度的增加会减少红外线辐射放射到太空外，地球的气候因此需要转变来使吸取和释放辐射的份量达至新的平衡。这转变可包括"全球性"的地球表面及大气低层变暖，因为这样可以将过剩的辐射排放出外。虽然如此，地球表面温度的少许上升可能会引发其他的变动，例如：大气层云量及环流的转变。当中某些转变可使地面变暖加剧（正反馈），某些则可令变暖过程减慢（负反馈）。

全球温室效应

115

利用复杂的气候模式，"政府间气候变化专门委员会"在第三份评估报告估计全球的地面平均气温会在 2100 年上升 1.4℃ ~ 5.8℃。这预计已考虑到大气层中悬浮粒子倾于对地球气候降温的效应与及海洋吸收热能的作用（海洋有较大的热容量）。但是，还有很多未确定的因素会影响这个推算结果，例如：未来温室气体排放量的预计、对气候转变的各种反馈过程和海洋吸热的幅度等等。

2. 地球上的病虫害增加

温室效应可使史前致命病毒威胁人类。

美国科学家近日发出警告，由于全球气温上升令北极冰层融化，被冰封十几万年的史前致命病毒可能会重见天日，导致全球陷入疫症恐慌，人类生命受到严重威胁。

纽约锡拉丘兹大学的科学家在最新一期《科学家杂志》中指出，早前他们发现一种植物病毒 TOMV，由于该病毒在大气中广泛扩散，推断在北极冰层也有其踪迹。于是研究员从格陵兰抽取 4 块年龄由 500 年 ~ 14 万年的冰块，结果在冰层中发现 TOMV 病毒。研究员指该病毒表层被坚固的蛋白质包围，因此可在逆境生存。

这项新发现令研究员相信，一系列的流行性感冒、小儿麻痹症和天花等疫症病毒可能藏在冰块深处，目前人类对这些原始病毒没有抵抗能力，当全球气温上升令冰层溶化时，这些埋藏在冰层千年或更长时间的病毒便可能会复活，形成疫症。科学家表示，虽然他们不知道这些病毒的生存希望，或者其再次适应地面环境的机会，但肯定不能抹煞病毒卷土重来的可能性。

3．海平面上升

假若"全球变暖"正在发生，有两种过程会导致海平面升高。第一种是海水受热膨胀令水平面上升。第二种是冰川和格陵兰及南极洲上的冰块溶解使海洋水份增加。预期由 1900 年至 2100 年地球的平均海平面上升幅度介乎 0.09～0.88 米之间。

全球暖化南太小岛即将没顶。

全球暖化使南北极的冰层迅速融化，海平面不断上升，世界银行的一份报告显示，即使海平面只小幅上升 1 米，也足以导致 5600 万发展中国家人民沦为难民。而全球第一个被海水淹没的有人居住岛屿即将产生——位于南太平洋国家巴布亚新几内亚的岛屿卡特瑞岛，目下岛上主要道路水深及腰，农地也全变成烂泥巴地。

4．气候反常，海洋风暴增多

5．土地干旱，沙漠化面积增大

对人类生活的潜在影响

经济的影响

全球有超过一半人口居住在沿海 100 千米的范围以内，其中大部份住在海港附近的城市区域。所以，海平面的显著上升对沿岸低洼地区及海岛会造成严重的经济损害，例如：加速沿岸沙滩被海水的冲蚀、地下淡水被上升的海水推向更远的内陆地方。

农业的影响

实验证明在 CO_2 高浓度的环境下，植物会生长得更快速和高大。但是，

"全球变暖"的结果可会影响大气环流，继而改变全球的雨量分布与及各大洲表面土壤的含水量。由于未能清楚了解全球变暖对各地区性气候的影响，以致对植物生态所产生的转变亦未能确定。

海洋生态的影响

沿岸沼泽地区消失肯定会令鱼类，尤其是贝壳类的数量减少。河口水质变咸可会减少淡水鱼的品种数目，相反该地区海洋鱼类的品种也可能相对增多。至于整体海洋生态所受的影响仍未能清楚知道。

水循环的影响

全球降雨量可能会增加。但是，地区性降雨量的改变则仍未知道。某些地区可有更多雨量，但有些地区的雨量可能会减少。此外，温度的提高会增加水分的蒸发，这对地面上水源的运用带来压力。

科学家预测：如果地球表面温度的升高按现在的速度继续发展，到2050年全球温度将上升 2℃ ~ 4℃，南北极地冰山将大幅度融化，导致海平面大大上升，一些岛屿国家和沿海城市将淹于水中，其中包括几个著名的国际大城市：纽约、上海、东京和悉尼。

温室效应带来的其他相关灾害

农地积水疟疾肆虐

穿着传统服饰向来乐天知命的卡特瑞岛人，几百年来遗世独立，始终保持着传统生活模式，但却因人类对环境的破坏造成全球暖化，他们将面临被海水淹没的命运。卡特瑞岛环保人士保罗塔巴锡说："他们已经持续被海洋力量攻击，还有持续不断的洪水，原有的地区都被改变了，被破坏殆尽，几乎所有的地方都被海水淹没了。"

不堪的是，招致蚊子苍蝇丛生，疟疾肆虐。

专家预测，过不了几年，卡特瑞岛将被完全淹没在海里，全岛居民迁村撤离势在必行。

亚马孙雨林逐渐消失

而位于南美洲、全世界面积最大的热带雨林——亚马孙雨林正渐渐消失，让全球暖化危机雪上加霜。

号称"地球之肺"的亚马孙雨林涵盖了地球表面5%的面积，制造了全世界20%的氧气及30%的生物物种，由于遭到盗伐和滥垦，亚马孙雨林正以每年7700平方英里（1平方英里≈2.59平方千米）的面积消退，相当于一个新泽西州的大小，雨林的消退除了会让全球暖化加剧之外，更让许多只能够生存在雨林内的生物，面临灭种的危机，在过去的40年，雨林已经消失了两成。

新的冰川期来临

全球暖化还有个非常严重的后果，就是导致冰川期来临。

南极冰盖的融化导致大量淡水注入海洋，海水浓度降低。"大洋输送带"因此而逐渐停止：暖流不能到达寒冷海域；寒流不能到达温暖海域。全球温度降低，另一个冰河时代来临。北半球大部被冰封，一阵接着一阵的暴风雪和龙卷风将横扫大陆。

拯救自然环境，就是拯救人类自己

全球环境恶化诸现象

大气污染。全球每年使用燃烧矿物燃料排入大气层的二氧化碳达 55 亿吨。全世界约有 4 亿辆汽车每年将大约 18.3 亿吨二氧化碳排入到大气层中。全球有 9 亿人生活在二氧化碳超过标准的大气环境里，10 亿多人生活在烟尘和灰尘等颗粒物超过标准的环境里。

温室效应。由于近年来全球排放的"温室气体"骤增，气候专家预计 2025 年全球平均表面气温将上升 1℃，到下世纪中叶将上升 1.5℃~4.5℃。预计在未来 100 年内，世界海平面将上升 1 米。沿海地区可能被淹，不少岛屿有消失的可能。自然灾害如干旱、洪水、暴风会频繁发生。

臭氧层破坏。破坏臭氧层的氯氟烃近 60 年来已排放 1200 多万吨。臭氧层的减少对人类来说，将意味着增加皮肤癌、黑色素瘤、白内障患者。

土地沙漠化。人类过多地使用化肥和农药，工业排放物日益增多，植被破坏等引起土地严重退化。土地沙漠化威胁地球 1/3 的陆地表面。每年有 500 万~700 万公顷耕地变为沙漠。全世界大约有 10 亿人生活在沙漠化和遭受干旱的地区。

水的污染。地球淡水资源严重不足。各国每年工业用水超过 600 立方千米，而灌溉农田用水多达 3000~4000 立方千米。受肥料和各种有毒化学制品污染的水占上述水量总和的 1/3。全世界有 12 亿人缺乏安全饮用水，每年有 2.5 万人死于因水污染引起的疾病。

海洋生态危机。全球每年往海里倾倒的垃圾达 200 亿吨。海洋污染使沿海居民发病增多，使鱼虾和海洋生物急剧减少和死亡。

"绿色屏障"锐减。森林和林地在历史上曾占世界陆地的 1/3 以上。但因人类开发农牧业和建设城镇大量砍伐，地球森林植被已被缩小 1/3。最近 20 年来，全球每年砍伐森林 2000 多万公顷，欧洲的原始森林几乎已完全消失。

物种濒危。到 21 世纪中叶，人类和家畜总生物量可能占陆地动物生物量的 60%，这意味着现在地球上每天有 100 种生物绝种。

垃圾难题。据估计，全球每年新增垃圾 100 万吨。发达国家产生的垃圾更多。全球危险废物以每年 5 亿吨的速度增加。

人口增长过快。人口增长越快对经济发展的压力就越大，对环境的影响也越严重。目前世界人口已达 70 亿。世界人口学家估计目前世界人口正以 1 亿人/年的速度在增长。地球资源在开发利用的速度上已赶不上人口增长的速度。

大气污染

地球表层生物圈的外围，有一层维护生物生存的空气，离地面1100~1400 千米，这就是大气层，其中占空气重量95%左右，离地面12 千米厚的空气层，即人们常说的对流层。在这个对流层以内，每升高 1 千米，气温下降5℃。这种上冷下热的周而复始，产生了活跃的空气对流，形成风、雨、雪、雾等等。大气基本上由氮气（78.09%）、氧气（20.95%）、氩气（0.93%）和二氧化碳（0.027%）组成，还有微量的氢、氖、氦、氪、氙。这种组成就是人类应呼吸到的纯洁空气。天空之大使人们产生一种错误想法，认为向大气中排放的气体数量与包围地球的大气相比微乎其微。其实，地球周围的大气层是相对稀薄的。若大气在正常成分之外，又增加了诸如尘埃、微生物、二氧化硫、一氧化碳等有害成分，大气就会受到污染。

据一项报告的调查显示，纽约、伦敦、香港等地的大气污染程度还算过得去。但是，包括里约热内卢、巴黎、马德里在内的 16 个城市污染相当严重。拉丁美洲的 5 个城市，如圣保罗、墨西哥城、墨西哥的蒙特雷、智利的圣地亚哥、危地马拉城，已成为真正的煤气室。东欧所有的工业城市对大气的污染水平远远超过容许的程度。世界卫生组织与联合国环境组织曾对曼谷、北京、孟买、洛杉矶、马尼拉、墨西哥城、马德里、雅加达、卡拉奇、伦敦、开罗、布宜诺斯艾利斯、加尔各答、莫斯科、纽约、

大气污染源头

里约热内卢、首尔、圣保罗、上海、东京 20 个大城市做了 15 年的调查，于 1992 年 12 月发表了一份报告。该报告指出，空气污染已成为全世界城市居民生活中一个无法逃避的现实。造成城市空气污染最主要的因素是汽车排放的尾气。在 6 种主要空气污染成分中，有 4 种几乎完全来自汽车，即铅、一氧化碳和二氧化碳等。另两种污染成分来自工业废气的二氧化硫和浮尘。该报告指出，尽管在过去 20 年里发达国家在控制污染方面取得长足进步，但在发展中国家的城市中空气质量正在继续恶化。

城市大气污染对人类健康造成严重的损害。20 世纪 80 年代后半期，全世界约有 13 亿人口居住在没有达到世界卫生组织颗粒物标准的城市地区，他们面临着呼吸紊乱和癌症的严重威胁，尤其对患有慢性肺部阻塞性疾病、肺炎和心脏疾病的老年人，危害更大。据估计，若不设法减少这些排放物，每年有 30 万 ~ 70 万人过早地死亡，14 岁以下儿童的慢性咳嗽发病率剧增，

每年达到 1 亿病例。同时，由于车辆排放的废气，空气中含铅水平大幅度提高，铅污染已成为若干发展中国家大城市最主要的环境危害。在曼谷，因增加了与铅的接触，儿童到 7 岁时会损失 4 或 4 以上的智商点。对成年人的威胁是使血压升高，心脏病、中风患者增加。

大气污染造成酸雨，已成为"绿树的瘟疫"，许多动植物濒临灭绝。酸雨是由排入大气的硫和氮的氧化物所造成的，自美国 1936 年第一次记录到 pH（氢离子浓度）值为 5.9 的酸雨以来，酸沉降现象已在世界许多地方发生，它危害面积已达数千万平方千米，主要分布在北美和欧洲工业发达地区，那里雨水中的酸性程度已超过正常情况的 10 倍。酸雨使湖泊丧失生机、森林枯萎、土壤酸化。在欧洲，森林面积的 35％ 受到不同程度的酸雨危害。19 个国家中森林的受害率已占到 22.2％，针叶和落叶乔木受害尤其严重，其中保加利亚、斯洛伐克、捷克、德国、波兰、英国的森林受到的污染最严重。1964 ～ 1976 年，美国佛蒙特州的中、高海拔地区，红云杉因酸沉降减少了大约一半。酸雨还使不少动物面临灭绝。使科学家们感到不安的是，青蛙正在急剧减少。例如，奥地利 3 种用肠胃养育蝌蚪的稀有青蛙在 1980 年前后绝迹。70 年代调查时，在加利福尼亚州山中生息的一种青蛙还有 800 多只，到 1989 年时只发现 1 只。在中美洲哥斯达黎加热带森林中，80 年代后半期以来有 3 种青蛙也濒临灭绝。在西非的喀麦隆、巴西的亚马孙等地数种青蛙踪影全无。据国际自然保护联合会 1992 年 6 月的统计，急剧减少和灭绝的青蛙已达 30 种。这种现象的出现，其原因虽众说纷纭，但酸雨在全球范围蔓延，使土壤酸化，导致青蛙的生息地遭到破坏，不能不是一个重要的原因。

人们历来认为，北极是地球上最洁净的圣地，那里没有工厂，少有人烟，污染应该与这个白色世界无缘。然而，事实与人们想象的相差甚远。这里正遭受着前所未有的环境污染和破坏。由于北极极端寒冷，生命稀少，生态系统极为脆弱，本身的修复机能很低，一旦遭受污染和破坏，便一发不可收拾。

早在 20 世纪 70 年代后期，飞经北极圈航线的日本几家航空公司和美国航空公司发现，航班客机的有机玻璃窗上常常出现网状裂痕，以致在逆光时产生散射，使人难以看清窗外。开始，人们怎么也弄不明白这到底是由什么原因造成的。到了20世纪80年代初，才发现这与北极上空的污染物浓度急剧升高有关。

1984年，在北极圈内有领土的美国、加拿大、挪威和丹麦等国的科学家联合对北极上空的大气进行了调查，才算是真正弄清了大气污染的状况。他们发现，北极圈上空，有一条宽达160千米、厚300米的污染带，其高度随季节变化，有时高达8000米，每年2～3月最为严重。这就是著名的"北极烟雾"。

北极烟雾主要是由烟尘、水蒸气和冰晶等组成。在烟尘中，可以检测出二氧化硫、氮氧化物和砷、铅、锰、钒等金属元素以及氟利昂和氯仿等有机化合物。这些物质显然来自于地球中纬度地区，是当地工业生产向大气排放的燃煤、燃油等污染物质随大气环流向北极飘散的结果。尤其在北极的冬天，几乎不下雪，受到污染的大气得不到清洗而长期滞留在空中，从而形成了严重的烟雾。北美、欧亚大陆的工业化活动所释放的气体，是造成北极烟雾的主要罪魁祸首。如果照此持续下去，说不定哪一天，飞越北极圈的飞机必须另改航道。

北极地区主要有两大食物链：海洋生态系统食物链和陆地生态系统食物链。在北冰洋生态系统中，藻类等浮游植物被浮游性动物吃掉，鱼类吃浮游性动物，它们又成为海豹、海象的食物。凶猛的北极熊以海豹类为食。这样，便形成一条海洋食物链。北极熊位于这个食物链的终端。

北极陆地生态系统食物链以陆地植物、苔藓和地衣为能量传递的起点，驯鹿、北极兔等以植物为食，而北极狼、北极狐捕食驯鹿、北极兔，它们又往往成为北极熊的猎物。

北极熊在北极生态系统食物链中起着双重作用。它既是海洋食物链的终端，又是陆地食物链的终端。因此，北极熊是北极地区当之无愧的主宰。当然，如果把人也纳入食物链的话，爱斯基摩人便是北极地区的最后主宰了。

123

人们通过大量的调查，发现北极生态系统已遭受了有机农药的污染。无论在北极的冰雪、冻土及植物中，还是在北极驯鹿、海豹以及北极熊体内，都已检测出各类有机氯污染物，情形实在令人担忧。比如，在加拿大北极地区，多氯联苯在大气沉降物中的平均浓度约为每升1纳克，在人体母乳中司达3.6ppm。在北极熊的脂肪里，检测出了DDT、六六六、多氯联苯等典型有机氯污染物。在距离北极点仅有500千米处猎获的北极熊，其脂肪中的多氯联苯浓度高达67ppm。

温室效应

大气中二氧化碳不断增加而导致的"温室效应"，是近些年的热门话题。科学家们认为，今后50年内，全球气温将升高2℃~8℃！这是一万年来地球变暖的最高速度。全球变暖对人类的影响究竟如何？尽管众说纷纭，但绝大多数科学家认为，它会给人类带来灾难性后果。

居住环境的变化

全球变暖将使人类对自身居住环境的恶化一筹莫展。因为极地的冰会大量融化，海平面将显著上升，若不控制温室效应，到2050年，世界海平面将上升40~140厘米，而上升3~4米也不是不可能。这意味着什么？无疑是一幅难以想象的场景：恒河、尼罗河、密西西比河等几个大三角洲将淹没在烟波浩淼的海洋之中；太平洋和印度洋的岛国将不复存在；海水也将漫过日本东京30%的地面；美国纽约的摩天大楼及中国的香港等沿海地区也在劫难逃；孟加拉国有1000万~2000万人失去家园；濒临北海的荷兰将从地球上消失……

上述情景既非别有用心的危言耸听，信口雌黄，也不是骚人墨客的向壁虚构，而是20多个国家的300多位科学家前些年在国际会议上发出的警告。

1987年，由于一大块冰块（约3485平方千米）从南极冰区脱落冲入罗斯海，南极海岸线的轮廓被改变，美丽的鲸湾从此消失，仅留在地图绘制者的记忆中。众所周知，世界上 1/3 的人口和多数城市大都分布在海岸地带及大河河口地区，世界 35 个最大城市中有 20 个地处沿海，大规模的人口迁徙无疑是一场灾难。到那时，中国南方的人可能成群移居西伯利亚，许多其他国民将移居加拿大，加拿大人口将由 2000 万增至 2 亿……更堪忧的是，海平面上升导致的洪灾有可能突如其来，防不胜防。美国专家在提出有关警告时称，纽约 20 年内将从地球消失，淹没纽约的大浪可能毫无先兆地涌来，淹没纽约及邻近海岸，使数百万人葬身海底，生命财产的损失难以估量，并称这种推测是依收集的数据显示的，因为大西洋海平面正以惊人的速度升高。

经济生活的变化

全球变暖虽然对一些高纬度地区的富裕国家（如北欧国家和前苏联地区）的农业有利，但是，亚洲及非洲的大部分地区将奇热难当，干旱空前，给世界农业将带来巨大灾难。据英国和美国科学家共同进行的一项为期 3 年的调查研究表明，到 2060 年，全球气候变暖将使世界粮食产量减产 1% ~ 7%，减产最大的是位于赤道附近的发展中国家，由于粮食减少，粮价上涨，将使 10 亿人口处于饥饿状态。

气候变暖还将加剧能源的大量消耗。特别是酷夏降温对能源消费的影响最为突出。据统计，在工业化国家中，北美约占 30% 的能源、欧洲约占 50% 的能源是用于补偿气候变暖或变冷所造成的影响。1984 年南加利福尼亚因异常炎热的天气，使 9 月份降温消费超出了常年的 85%，创造了 54 年来耗电最高纪录。

气候变暖对林木、交通、运输、食品等方面也产生不利影响。由于炎热干旱，森林火灾将更加频繁、更为严重，木材将更加紧缺。更多的汽车要配备空调器而使汽车平均价格上涨，且炎热天气所产生的尘埃大量钻入发动机，从而带来车辆的损坏和维护的频繁；此外，更多的道路需铺设沥青，它们在夏季将破毁得更加严重，需要更多的钱来保养维护；高速公路会变得更为拥挤，因为人们将会更加频繁地企图逃避城市的炎热。

据科学家预测，50 年后，地球逐渐变暖还将导致台风的破坏能力增强 40% ~ 50%，这意味着更多的房屋、桥梁、输电线路等将惨遭厄运。由于上述连锁灾情的影响，许多地区的食品供应会出现奇缺。食物价格大大上涨，它将引起失业、萧条和贫困，政府预算和社会福利、科研、教育经费将大大削减。

人类健康的变化

由于气候变暖，会使夏季变得酷热，这将导致疾病和死亡率上升，特别对老年人威胁更大。据研究，全球增温，平流层中臭氧层的耗减造成的紫外线 B 辐射的增加，将使皮肤癌、麻风病、白内障、呼吸道疾病、心血管疾病和夜盲症等患者增多，其中患皮肤癌的可能在高纬度白色皮肤的高加索人种中比例最大。新生儿出生也可能呈负增长，早产儿出生率与产期死亡率会上升。此外，由于全球增温，蚊虫和其他寄生虫会大量繁殖，由它们传染的疾病将在全球大流行；还有温度上升后，霉菌等引起的皮肤病患者会增多，症状会变得严重；虫害猖獗，农药污染加剧。世界一半以上的人口将受到"气候病"的威胁。

生态物种的变化

据史料记载，在 1 万年前，曾有过一次重大的气温变化，导致物种惨遭劫难：由于气温上升 5℃，使许多温带的物种向北"逃窜"至加拿大"落户"，另有许多动植物"求生无望"而灭绝。问题的严重性在于：当时这些物种的灭绝，是在漫长的岁月中由气温上升 5℃ 造成的，然而今天专家预言，同样升温 5℃ 也许只需 61 年！

眼下，耐寒植物已首当其冲受到了全球变暖的威胁。据自然保护基金会提供的资料，全球变暖已使黄水仙和其他耐寒的花危在旦夕，19 种受保护的稀有品种正在"吊氧气"，许多植物处于灭绝的边缘。很小的气候变化对植物来说都是一场灾难，在过去的 150 年里，由于全球变暖，美国的低地沼泽有 96% 已经丧失，50% 的老林区已不复存在，91% 的传统低草地已消踪匿迹。

最近，世界野生生物基金会发表的一份报告还说，由于地球气温不断上升，珊瑚礁和红松已经受到损害，而这种损害还将影响数万种其他植物和动物。随着它们的死亡，以它们作为食物来源的物种将不能迅速迁徙以拯救自己，而且已发现 2.2 万多种植物和动物濒临灭绝。一些候鸟、蝴蝶和哺乳动物也受到全球变暖的威胁，生态平衡受到严重影响。

臭氧层破坏

1985 年 5 月，英国一支考察队在南极上空第一次发现了大气层中的臭氧层空洞，立即引起全球的严重关注。事过两年，全世界 110 多个国家派出代表，出席了为拯球臭氧层召开的国际会议，并于 1987 年 9 月 16 日签定了著名的《关于消耗臭氧层物质的蒙特利尔议定书》。保护臭氧层迅速成为国际间的重大事务。

然而，1992 年 4 月初，来自美国、俄罗斯、英国、加拿大等 17 个国家的 300 多名科学家，向全世界发布了一个极坏的消息：北极上空的臭氧已减少到有记录以来的最低水平，仅当年的头两个月就减少了 20%；北极平流层里的氯含量比正常水平高出 70 倍。这是参加"欧洲北极平流层臭氧试验"的科学家们在进行了长达 5 个月的大规模观测后发现的。这个消息一发布，立即引起了全世界的担忧和惊慌，保护臭氧层一时成为最热门的话题。

时隔三年后的几乎同一个时间，科学家们又公布了一个令人震惊的新发现：北极上空的臭氧层出现空洞，其面积虽然没有南极上空的臭氧空洞大，但情况类似。

现在，科学家们一致认为，臭氧层是由一类俗称氟里昂的人造化学物所破坏的。氟里昂是在 20 世纪 30 年代发明的。它们的性能极其稳定，一般情况下不燃烧。人们一直认为它们是无毒的，不会对人体造成伤害。正是由于极高的稳定性，它们的寿命很长，可被带到大气上层的同温层中。在那里，经紫外线的作用，释放出氯，氯原子具有很高的活性，很快夺去臭氧的一个氧原子，形成一氧化氯，一氧化氯与另一个氧原子结合，形成一个新的氧分子和一个氯原子，原来的臭氧成为普通的氧分子被保留下来。但氧分子不能阻挡紫外线。在这个反应中，由于氯原子没有被破坏，消耗臭氧的反应能够反复进行下去。因此，氯原子如同一个"杀手"一样，破坏数以万计的臭氧分子。

其实，氟里昂在地球上空的分布是大致均匀的，那么，为什么只有冬季的南北极上空会出现臭氧层稀薄，甚至消失呢？科学家们解释说，这是由于同温层里的冰晶体能加速氯原子与臭氧分子发生连锁反应的缘故。

臭氧层的破坏，已经对地球上的生物产生了极大的危害。1991年底，由于南极臭氧洞的出现，智利南部城市出现了羊群暂时失去视觉、当地小学生有皮肤过敏和不寻常的阳光烧伤现象。科学家们预测，如果臭氧层继续按照目前的速度减少、变薄，那么到2000年时全世界患皮肤癌的比例将增加20%，达到30万人。如果21世纪臭氧再减少10%，那么，全球每年患白内障的人有可能达到160万~175万人。

对一些农作物的研究表明，紫外线的增加将影响植物的光合作用效率。如果臭氧减少25%，则大豆的产量会下降6%~25%，其蛋白质含量和含油量也会降低。

伴随紫外线的增加，海洋生物受到的危害也是很显著的。科学家们估计，如果臭氧减少25%，海洋上层的第一性生产力将减少10%，水面附近将减少35%。

令人担忧的是，目前的工业用品和生活用品大量使用了破坏臭氧层的氟里昂等化学物。自从60年前美国杜邦公司开始在市场上销售氟里昂制冷剂以来，氟里昂已深入到人类生活的各个方面。全世界大约有10亿台电冰箱和数以亿计的空调器中使用了氟里昂，用来清洗电子器件的清洁剂中使用了氟里昂，各种喷雾剂、发泡剂也含有氟里昂。据估计，每年这类产品的产量为75万吨，氟里昂的寿命为50~100年，即使现在停止生产，同温层的氯的浓度在一段时间内还将继续上升，于21世纪前10年达到最高峰。要恢复到自然水平起码需要一个世纪的时间。

人类活动是氟里昂进入大气层的原因。现在大多数国家都认识到，在改变这种发展进程方面，政治决策是至关重要的。世界各国正联手行动起来，采取有效措施，防止臭氧层破坏的进一步加剧。

土地沙漠化

人类要生存，就要有充足的食物，食物的多少往往关系到国家的兴衰，决定着国家是安定团结还是战乱纷争。翻开人类的历史，从古到今，多少战火，无不以争夺食物、土地、自然资源为目的。食物对人类如此重要，那人类从何处取得食物呢？提供人类食物途径主要有两条：一条是陆生生物食物链，它与土地有关，即土壤→农作物→禽畜→人；另一条是水生生物链，它与海洋、江河、湖泊有关，即水→浮游植物→浮游动物→鱼类→人，其中土地上这个食物链最为重要，人们说土地是人类的母亲，这话一点也不过分。母亲养育了我们，可我们对这位不求报恩的母亲的"皮肤"——大地，不断地加以破坏，许多地方，大地已不能提供植物生长的养料和水分，再不能为人类提供食物了。

自人类诞生以来，世界陆地面积由于人类和自然的共同作用，仅有1/10适合耕种，其余的陆地不是气候不宜，就是由岩石沙粒组成。但是这1/10的耕地也在逐年减少。20世纪以来，土地沙漠化日趋严重，成为全球重大生态环境问题之一。全球干旱地区和沙漠，集中分布于6大区域。从北非的撒哈拉经过西南亚的阿拉伯以及印度西北部、前苏联的中亚至中国的西北和内蒙古，即从北纬10度附近向东北一直延伸到北纬55度附近，形成一个几乎连绵不断的辽阔的干旱沙漠区，占世界干旱区和沙漠总面积的67%。据联合国环境规划署统计，每年全世界有2700万公顷农田遭到沙化，其中600万公顷的土地变为沙漠。目前，近1/3的全球陆地面积即4500万平方千米的土地受到沙漠化的威胁，受沙漠化影响的人口达8.5亿，其中5亿是农民。

沙漠化对发展中国家的危害尤其严重。从佛得角到索马里穿越非洲大陆的萨赫勒地带的19个国家都深受沙漠化之害。撒哈拉沙漠以15～16千米

/年的速度向萨赫勒地区进逼，造成这一地区每年损失可耕地达150万公顷，连年旱灾，饿殍遍野。中东和西亚地区，许多早期人类文明的遗址变成了大沙漠。中国因土壤肥分流失每年损失可达几十亿元。印度1/3的可耕地有完全不宜种植庄稼的危险。巴西、阿根廷一些地区沙漠化在发展，经济损失也十分严重。

发达国家沙漠化造成的恶果也十分明显。美国全国耕地表土流失量1年达64亿吨。有人预测，如不采取有效措施，美国农业将衰退，世界将发生严重的粮食问题。前苏联学者指出，前苏联每年由于土壤侵蚀造成的损失达农业总产值的8%～10%。

土地沙漠化的原因是自然条件恶化和人类活动没有得到控制。人为因素包括过度采伐，过度放牧，过度耕作，过度灌溉，以及过度的人口增长。这些因素使土地生态系统遭到人为的破坏而失去平衡，沙漠化随之而来，我国情况也不容乐观。目前国内沙漠的面积为1280亿平方米，它们中约有97%是人类活动造成的，其中砍林造成的沙漠占28%，滥垦造成的沙漠占24%，过度放牧造成的沙漠占20%，水利资源利用不当，工矿建设中植物被破坏造成的沙漠占12%。所以，要控制沙漠化的进程，人类必须控制自己和采取有效措施，例如：保护现有森林，大规模种草植树，营造防护林带，恢复植被，防止水土流失；改进放牧方式，合理利用草场；合理使用土地；控制人口急剧增加；利用现代科学技术如遥感卫星进行监测，掌握沙漠化扩展情况以便迅速制订对策；加强国际间的交流合作，控制沙漠化。

水资源短缺与水污染

全球的水资源总量为13.8亿～14亿立方千米，但其中不能直接利用的海洋咸水约占96.5%，剩下的3.5%的陆地水，绝大部分又被冰川、雪山、岩石、地下水和土壤所占去。可供人类采用的河湖径流水和浅层地下水，仅占淡水总储量的0.35%。水在环球水圈中自成一个封闭的循环体系，海水和陆地水之间，通过蒸发、降水、水流等，形成循环平衡。人类真正能够直接采用的淡水，是来自这种循环平衡降水中的那部分稳定径流，其总

◆ ◆ ◆拯救自然环境，就是拯救人类自己

龟裂的大地

量约每年 9000 立方千米。仅从数字推算，人类拥有 9000 立方千米的淡水资源量，应不致于缺水，但水资源危机却是全球性的问题。

据有关资料显示：目前全世界有 80 多个国家和地区缺水，占全球陆地面积的 60%。有 13 亿人缺少饮用水，20 亿人的饮水得不到保证。根据当前的气候条件和人口预测，到 20 世纪末，全球人均水资源量将减少 24%，稳定可靠的人均供水量，将由 3000 立方米降至 2280 立方米。人类对水资源的耗量在不断增加，约经过 15 年便要增加 1 倍。目前世界人口增长率约为 2%，而用水增长率却达到了 4%，有的国家则达到 10%。

水资源不足已是人类面临的重大问题。其原因主要有：①全球大气降水的时空分布不均导致一些地区缺水严重；②人口迅速增长，城市高度集中，使人均占有水量急剧减少，局部地区"水荒"问题突出；③工、农业生产迅速发展，非生活性用水量迅速增加；④工业和城市的污水、污物排放使许多水体遭受严重污染。据世界卫生组织估计，目前，全球约有 3/4 的农村人口常年得不到足够的淡水。

目前，人类不仅面临着淡水短缺的危机，而且，水资源不断被污染，使干净的水越来越少。众所周知，水在自然界中不断地与大气、土壤、岩

石等接触过程中溶解了钙、镁、钾、铁、锰、氧、氮、硅、磷等许许多多不同状态的物质，它们是人体或动植物生存所必需的。但是由于人为的原因，使某些有害有毒物质进入水体中，并且这些污染物质的数量超过了水的自净能力，改变了水的组成及其性质，造成水质污染，继而危害人体健康和动植物的生长。

随着工业发展、全球迅速城市化，工业废水和城市污水的大量增加，水质遭到严重污染，水在痛苦地呻吟。工业废水中的污染物质约有157种，大致分为以下几大类：重金属如汞、镉、铜、铬、铅、锌、锰、矾、镍、钼等；类金属是指危害性质类似重金属的，如砷。

有机化合物包括碳氢化合物、氧化合物、氮化合物、卤代物、芳烃衍生物、高分子聚合物等170万种，其中许多是有毒物质，如苯酚、多氯联苯、六六六、DDT、氰化物、狄氏剂等。

植物富营养化是指水中养分供应过量，使动植物大量繁殖，导致水域环境恶化。

耗氧污染物是消耗水中大量溶解氧物质的总称。

热污染是指大量热水排入水体，导致水温上升，危及生物生长。

无机污染物包括酸、碱、无机盐类、无机悬浮物。

油类污染是指石油污染，它浮在水面上，阻止氧气进入水体，使水变臭，鱼窒息而死。城市生活污水最常见的是来自带菌的人类粪便。

水污染对人类健康造成巨大的危害。它是疾病传播的媒介。通过污水的流动，将病菌送到各家各户，人们一旦接触，某些疾病，如伤寒、霍乱、肝炎、痢疾、肠道病毒等就会广为蔓延。据估计，水污染引起的腹泻病使每年约有200万儿童夭折，约9亿人次患疾。污水中还有不少氰化钾、有机磷、砷等，毒性相当大。人和其他生物将这种污水吸入体内，水生物会迅速死亡，人体会慢性中毒。尤其是如汞、镉、铬、铅、滴滴涕等在污水中的含量虽然极微，但经过生态系统食物链的富集，能成千上万倍地在生物体内积聚起来，最终影响人的身体健康。水污染还会造成某些与水质关系密切的工业产品质量下降，影响航运业，直接危及农业、渔业等等。

海洋污染

世界海洋总面积约为 3.61 亿平方千米，占地球总面积的 71%，共拥有5000 万亿吨水，它是维持人类生存环境的庞大生态系统，为人类提供丰富的食物资源。海洋也是各国交通、通讯的媒介，沿海地带则是发展城市、工业、渔业的好场所，有些海湾则是旅游胜地。

近几十年，工农业生产突飞猛进，给人类创造了美好的生活。但是，一个新的严重的社会问题——环境污染，在悄悄地滋生和蔓延。别以为污染只发生在高空中、陆地上，要知道，它最终都要归到海洋中去的。因为海洋处于生物圈的最低部位，"千条江河归大海"，高空中、陆地上所有的污染物，迟早都将归入大海。大海只能接纳污染，而无能把污染转嫁别处，它是全球污染的集中地。而海洋又是彼此相通的，任何一处污染，危害的是整个人类，只是程度不同罢了。

人们总认为，大海大洋能包容一切，是毁不了的，于是海洋被当成了"万能的垃圾桶"，每年往海里倾倒的垃圾达 200 亿吨。注入海洋的废弃物主要有：来自城市污水排放和工业废物排放以及含农药和化肥的径流；航运和近海钻探活动所产生的污染物（主要是油类）；有毒或有害废物，其中包括放射性废物；各种人类起源的与自然起源的大气及陆地进入物。例如：每年约有41000 立方千米的淡水自江河流入海洋，河水携带有约 200 亿吨悬浮物质和溶解的盐类，其中包括难以精确确定数量的金属和有机污染物。排入海洋中的油类，一年最少 300 万～600 万吨，也就是说，开采每 1000吨石油中至少有 1 吨被溢出或倒掉。

大家知道，石油中含有微量致癌物质，人们食用了被石油污染的鱼类、贝类，将严重损害身体健康，甚至染上食道癌、胃癌而痛苦地死去。

1 吨石油进入海洋后，会使 1200 公顷的海面覆盖一层油膜。这些油膜阻碍大气与海水之间的交换，减弱太阳辐射透入海水的能力，影响浮游植物的光合作用。石油污染还会干扰海洋生物的摄食、繁殖和生长，使生物分布发生变化，破坏生态平衡。鱼类对石油污染十分敏感，只要嗅到一点

133

点气味，立即远离污染区，洄游鱼类马上改变线路，鱼类的生活圈稍有变更，便影响繁殖，甚至大批死亡。石油对鱼卵和幼鱼杀伤力更大，一滴油污，可使一大片幼鱼全部死去。孵出的鱼苗嗅到油味，只能活一两天。一次大的石油污染事件，会引起大面积海域严重缺氧，使海水中所有生物都面临死亡的威胁。严重的油污，将使整个海区变成生物灭绝的死海。海湾战争中几乎整个波斯湾水域，都蒙上一层厚厚的油膜，而且不断向外海扩散加大，受害面积是整个伊拉克和科威特土地面积的成百上千倍。要完全消除这里的浮油污染，估计得花 50 亿美元和 10 年的时间。

海洋污染的危害主要有：海上生物的死亡或变成有毒的生物。如甲壳类动物最容易受油污染之害，因为它们常常生活在近岸水域及海湾。油船沉没，溢出石油，导致沿岸大量海洋生物的死亡，其中大部分是软体动物和甲壳类动物。这对人类健康造成威胁。人们食用了遭到污染的生物，轻者生病，重者死亡，日本水俣湾事件便是一例。人类食用受城市废水污染的甲壳类动物，能引起传染性肝炎和其他病毒所致的疾病、呼吸道感染以及常见的胃肠炎等。

海洋污染还影响海洋生态环境。海洋如同一个社会，各种生物之间，生物与环境之间都是相互依赖、相互制约的。在正常情况下，它是平衡稳定的生态系统。一旦污染增大，超过了它自身净化能力的极限，平衡就要被打破，灾难就要降临到人间。

森林锐减

森林是地球生态系统主体，它不仅可以提供木材和其他产品，更重要的是保护丰富的遗传多样性、调节气候、清洁大气和水、循环基本元素、创造并再生土壤等，还具有美学价值、文化价值和科学价值。

可是最近几十年来，人类对森林破坏的速度大大加快。目前，世界森林约 28 亿公顷，现在仍以 1800 万～2000 万公顷/年的速度减少，其中热带森林每年减少 1150 万公顷。据预测，到本世纪末，世界森林面积将下降到占陆地面积的 1/6，到 2020 年下降到 1/7。如果任其发展下去，170 年后全世界的森林将消失殆尽，人类无限的索取最终将遭到自然界的报复。

森林锐减

世界著名的北非撒哈拉大沙漠，在古埃及人实行刀耕火种之前，这里是森林茂密、绿草如茵的地方。以后它被开发成耕地，并成为古埃及人的粮仓。由于森林植物被破坏，出现了长期的干旱天气，摧毁了古埃及人的农业，耕地变成了沙漠。闻名世界的金字塔，历经沧桑，被留在沙漠的边沿，仿佛在凭吊着古埃及繁荣昌盛的历史。与此类似，印度半岛的塔尔沙漠也是由于植被和森林被破坏，由粮仓变成了沙漠。

世界最大的亚热带原始森林，位于拉丁美洲的亚马孙河流域，那里的木材蕴藏量占世界总蕴藏量的45%，树的种类也居世界第一，每1万平方米内树木达200多种，而一般森林，每1万平方米内树木不超过25种。这里至今还栖息着许多没有被人类记载的生物，在人类还来不及认识它们的时候，它们就随着现代化伐木机的轰鸣声，被判死刑。同时，这片原始森林，以110亿平方米/年的速度消失，这个速度相当于每小时砍伐100万株树木，或者说，人呼吸一次，就有120多棵树倒在人类的"屠刀"下。亚马孙地区森林覆盖率已由原来的80%，减少到现在的45%。森林的减少使该地区雨季缩短，旱季增长，暴雨成灾，山洪泛滥，农业大幅度减产。科学家们预测，照这样速度砍伐下去，再过几十年，这里就有可能成为世界上最大的沙漠地带之一。

我国的神农架原始森林，占地 32×10^5 万平方米，因传说神农氏在此遍尝百草而得名。这里的野生生物有570多种，植物2000多种，草药1300多种。20世纪70年代开始为国家生产木材，每年达300万立方米，修筑公路1200多千米，公路通到哪里，参天大树就倒在哪里，8.1万平方米的森林已被夷为平地。照此下去，我国的神农架还能存在多久？与神农架命运相同的地区还有大兴安岭、西双版纳等原始森林。滥砍滥伐使我国的自然保护区由58处减少到36处。

森林锐减给人类生存和发展带来严重恶果，导致自然灾害在更大范围内频繁发生。一些江河流域森林被破坏以后，雨水流失量增加，使下游地区洪水泛滥。近几年来，孟加拉国、印度、苏丹、泰国等相继发生严重水灾。森林锐减后还引起旱灾，导致严重的粮食危机，直接威胁成千上万人的生命。特别是非洲地区，长达十几年的持续干旱，饥荒夺去了上百万人的生命。森林锐减还造成全球性的严重水土流失，全世界每年约有250多亿吨耕地土壤被侵蚀而流失。美国1.65亿公顷耕地每天约有1000万吨宝贵的表土层流失。

生物物种锐减

全球生物物种最多的时候，曾经达到过2亿多种。目前仅存有300万~1000万种。如今，由于人类对野生动物滥捕，对森林滥砍，或采用"化学战"方式污染环境，使得地球上的野生动植物正在以惊人的速度走向灭亡。据推测，在几次生物大灭绝的灾难中，生物灭绝速率是"每千年一种"。然而从16世纪到19世纪的300年间，鸟兽灭绝了75种。20世纪70年代末期，物种灭绝率变为每天一种。到了90年代初，有人估计物种灭绝率是每小时一种，到2000年将有100万种生物物种从地球上消失。如果热带雨林不能得到保护，地球上将有80%的植物和400万生存在雨林中的生物随之消失。

19世纪前，曾经纵横美国南北大陆的6000万只野牛，在不到200年的时间里被人类杀光，其最后一批被围歼在圣塔菲途中。几乎在同一地点、同一时间里，北美大陆的50亿只旅鸽，由于人类的捕杀而消亡。1914年，保护在美国辛辛那提动物园的最后一只旅鸽死去，这种鸟从此在地球上绝迹。非洲大象10年来数量减少了一半。位于几内亚湾的科特迪瓦，原名叫象牙海岸，是一个盛产大象的国家。但是，从1950年到现在的40余年间，科特迪瓦的大象竟然从 10 万头锐减到 1500 头。偷猎者捕杀大象，为的是什么？只不过是为了出售象牙。全世界年产象牙量达 800 吨，这意味着每年有 80 万头大象惨遭杀戮。

在肯尼亚，过去 10 年中有 5 万头大象成为贸易的牺牲品。1989 年 7 月 18 日，肯尼亚总统用一支火炬点燃价值 300 多万美元的 12 吨象牙，它是近 5 年中肯尼亚警方从偷猎者手中缴获的，这一行动表示了肯尼亚政府坚决制止日益疯狂的捕杀大象活动的决心。犀牛和大象一样惨遭厄运，只因为犀牛角价格看涨。如今，非洲白犀牛已濒临灭绝，黑犀牛的数量 15 年来减少了 90%。

我国新疆的准噶尔盆地，曾经是野马的故乡，20 世纪 70 年代以后，人们再也没有在那里见到野马的踪迹。

世界上最大的两栖类动物娃娃鱼，经两亿年的严峻考验，随大陆漂移后流浪到川、陕、鄂三省交界的深山角落里。1983 年中，在竹溪县万江河，出现了一场娃娃鱼大屠杀，上千人不分白天黑夜，在几十条大川峡谷之中，捕杀了重 3 万多千克的娃娃鱼。如此大量的娃娃鱼，无辜死于"屠刀"之下，令人惨不忍睹。

人类的近亲——黑冠长臂猿，50 年前在海南岛热带森林中还生存着 2000 只左右，由于森林缩小和捕杀，现在全岛只剩下 37 只了。原来生活在我国的高鼻羚羊、犀牛、白臀叶猴等野生动物已经绝迹。珍稀水生物、海龟、儒艮、白鳍豚、中华鲟，由于捕捞已经灭绝。

海洋生物也逃不过人类的捕捞和追杀。世界上最大的动物——蓝鲸，20 世纪 70 年代幸存 400 头。日本等国不顾国际一再呼吁，依旧我行我素，继续进行商业性捕鲸，80 年代再次清点，只剩 15 头了。与此同时，捕鱼队抛弃的破旧渔网、塑杯、桶、袋等，每年都要伤害万只海狗，以及成千上万的海鸟。

由于过度捕捞，目前全世界有 25 个大渔场面临衰竭。著名的北大西洋的北海渔场盛产鳕鱼、鲱鱼，近几十年来该鱼场产量锐减，由 60 年代末产鱼 300 万吨降到 80 年代产鱼几十万吨。

我国最大的渔场——舟山渔场，由于长期大量捕捞，元气大伤，致使大黄鱼、小黄鱼、墨鱼等资源枯竭，现在又面临着带鱼资源枯竭，下一步又将要轮上什么鱼呢？

与历史上的物种灭绝不同，当前发生的物种灭绝主要是由人类活动造成的。原因大致有以下几个：生物环境的丧失或改变最明显的是热带雨林的大量砍伐。热带森林只占地球陆地面积的7%，但却拥有世界50%以上的物种。目前野生动植物主要的栖息地印度马来地区和非洲热带地区的面积正在减少。

过度开发主要是海洋捕捞和陆地猎获。二次大战后的40多年，世界渔业得到很大发展，总捕获量从1950年的2000万吨增加到1989年的9000多万吨。大量捕捞使许多重要渔场和著名鱼种及其他水生动物急剧减少甚至绝迹。

空气和水的污染，例如两个世纪以来英国因河流严重缺水、污染，95%的沼泽地已经干涸，97%的低地泥沼被毁，使天鹅、鱼狗、蜉蝣、香蒲及其他野生生物迅速消失。过去20年中已有两种蜻蜓绝种，以前生长香蒲的地方已变成干泥。全世界海豚告急，也与海洋受到污染息息相关。拉美国家的沿海水域充满了有毒废料，使那里经常出现死鱼现象。

从生物多样性的现状看，我们似乎生活在最富有的地质年代，殊不知，这笔财富正通过生物种类的丧失和生态系统的破坏，处在被滥用的危险之中。物种之间存在的"营养链"或"食物链"极为脆弱，一旦遭受破坏，整个生态系统就会失去平衡，发生重大的、不可预测的改变。例如，20世纪70年代在马来西亚，一种很受人们欢迎的水果——榴莲的产量莫名其妙地开始下降，使水果产业损失了1亿美元的收入。当时榴莲树并未受到任何损伤，只是果实变少。后来，发现榴莲花粉只由一种蝙蝠传授，而且此种蝙蝠的数量也在严重减少。蝙蝠所以减少，是因为其主要食物——沼泽地红树林的花朵由于养虾业的发展，把大片沼泽地转为虾池，使红树林消失。谜团总算解开了，但人类对红树林的破坏没有停止。据统计，全世界红树林的面积约为20万平方千米，大部分集中在亚洲（主要是马来西亚和印

138

度）、美洲大陆（巴西和委内瑞拉）、非洲的大西洋沿岸。生长在红树林中的生物是沿海地区海洋食物链的主要基础，它还能保证热带沿海居民进行生产活动。但人类误认为它是有害的昆虫滋生地，用填海造地的方法将红树林改造为稻田和鱼塘。80 年代巴西还拥有红树林 2.5 万平方千米，但人类的活动将会使巴西沿海的红树林绝迹。对红树林的破坏，是人类与海洋之间关系处理不当的最明显例子之一，毁坏红树林就是毁掉海洋生物的一个食品库。总之，物种多样性的消失，就会带来生物圈链环的破碎，使人类生存的基础出现坍塌。

人口膨胀

随着改造自然进程的发展，人类生存条件日渐改善。这使得人类繁殖空前旺盛，人口数量以几何级数猛增。据联合国统计，现在世界人口已突破了 50 亿大关，"50 亿" 这个数字，你也许感受不到什么，然而，只要稍稍回顾人类的历史，就会感到人口增长速度太快了。在大约 300 万年前，类人猿刚刚进化为原始人类时，数量大约只有几千人；到了 9000 年前人类开始进行农耕，过定居生活，人口只有 500 万人左右。根据专家推算，在公元元年时，人口约为 2.5 亿。那之后，人口不停地，却是缓慢地增长着，到了 1625 年，地球上的人口只增长到 5 亿。然而，在 18 世纪的工业革命后，人口陡增。1750 年约 8 亿，1800 年约 9 亿，1850 年就已达到 1625 年的 1 倍，即 10 亿人。1930 年时，又增加了 1 倍，达到 20 亿。但只过去 46 年，到 1976 年，世界人口就又翻了一番，达到 40 亿。1987 年，人口终于突破了 50 亿大关。预计到 21 世纪 30 年代，人口将达到 100 亿，再过 500 年，地球人口就将有 150 兆人了，这可真是个天文数字啊！要是这些人都住在地球上的话，那么平均每人只能拥有 1 平方米的土地了，整个地球都将挤满了人。那时，人类的命运将多么悲惨啊！在地球 46 亿年的历史中，大型动物从未增加到如此多的程度，这种情况将直接危及到人类自身的生存。

发疯似地增长着的人口，日渐贫瘠、荒芜了的土地，被风沙席卷着的城市，一天天减少着的森林，不断恶化着的气候，满是油污、废物的海洋、河流，慢慢被掘尽的地下资源，不新鲜的空气，渐渐变小的"遮阳伞"，以及正在灭绝中的动植物……这一切，似乎是在谴责人类的愚蠢行动，控诉人类对地球的伤害。人类作为宇宙孕育出的有智慧、有灵性的高级生物，已经意

人口膨胀

识到，地球的危机就是自己的危机。人类已经开始行动起来，保护地球，保护环境。

灾害给人类社会的启示

20 世纪是科学昌盛的世纪，也是灾害频频的世纪。各种各样的自然灾害和人为灾害从四面八方袭来，再加上环境污染的迅速扩展，人类面临着巨大的困境。面对多灾多难的世纪，人类不能再等闲视之，已到了必须认真反思、开展防灾减灾刻不容缓的时候了。

自然灾害的发生具有客观必然性。正像地球的绕轴自转运动和绕日公转运动一样，自然灾害的发生和发展是客观必然的，它不以人的意志为转移。至于人为灾害的发生，除了不可避免的客观因素外，它还具有本可避免、却因为人们行为的不慎不当引起的主观因素。本世纪以来，日益严重的全球问题让人们不得不正视和反思人与自然的关系问题；依靠人类自身的智慧和力量防微杜渐、趋利避害，显得是那么地迫切和必要。灾害是人类不可避免的悲剧，认识不到灾害的隐伏性、突发性是人类的大悲剧；如

果认识到了灾害而不能及时采取有效措施去防灾、减灾，则是人类更大的悲剧。"人无远虑，必有近忧"这一富有哲理的谚语用来指导防灾十分有意义，而对灾害接踵而至的今天，"亡羊补牢"同样显出其实际价值。

"天灾八九是人祸"

"沙漠闹水灾"，这句话你一定以为是无稽之谈，可是确实曾发生过。1979年盛夏，在"世界瑰宝"莫高窟所在地——甘肃敦煌县，这个被沙漠包围的常年干旱的县城竟然闹了一场不大不小的水灾：全城毁屋4000多间，全县10万人口中受灾人口竟达7000人，以致沙漠中的水灾这一千古奇闻被人们广为传播。

这究竟是怎么回事？原来，1979年盛夏天气特别炎热，终年积雪的祁连山融雪量特别大，正如古诗中写的那样："真阳消尽阴山雪，顷刻飞来百道泉。"高山冰雪融化把敦煌的党河水库盛得满满的，达到了历年最大库容量。同时，印度洋潮湿的气流随着活跃的西南季风穿越青藏高原向祁连山吹来，致使连年干旱的敦煌一反往常，细雨绵绵，年降雨量达1055毫米，4倍于常年。降水集中，加上冰雪消融，给敦煌带来过量的径流，使长期处于干旱缺水环境中的敦煌人乐不可支。他们置党河水库行将漫溢的危险于不顾，迟迟不愿下决心打开水闸泄水防洪，因为水对敦煌人来说实在是太可贵了，爱水如命的观念使他们忘却了水太多了也会带来灾难。最后，水库终于决堤，洪水像猛兽一样呼啸而下，使敦煌县沦为一片泽国。这场沙漠中的水灾是由于人的行为失误而诱发的。类似的情况在新疆吐鲁番地区的戈壁荒漠中也曾发生过，结果造成了"水漫火焰山"的特异灾害现象。

森林火灾是森林生态系统的大敌，也是世界上破坏性、危害性最大的自然灾害之一。气候过分干燥，林下腐殖质层堆积过厚，以及雷电均可引起森林火灾。但也有相当大一部分的森林火灾则是因为人为操作失误及防林规划的不严密而造成的。1987年5月6日~6月2日，我国黑龙江省的大兴安岭北部林区发生的一场特大森林火灾，其火势之猛、燃烧时间之长、涉及面之广、造成损失之大，都是前所未有的，为我国森林火灾史上所罕见。这场大火的起因，就是因为林区工人吸烟引火及机器操作不慎而多处起火，加之救火措施不及时和组织抢险不得力，致使大火蔓延。

通观今日国内外发生的天灾，其中不少都是由于人的活动失误或人与自然不协调而引起的。在人类的智慧圈和技术圈不断外延、人类获得长足进步的情况下，人已经成为灾害发生系统中的一个重要因素，起着十分重要的作用。人们已经意识到，从某种意义上说，今天的自然灾害是天、地、人，三大系统不协调的产物，其中人占了很重要的地位，故有"天灾八九是人祸"之说。以江水泛滥导致洪灾为例，有的学者就认为这是人类以江堤约束河流，迫使其在狭窄的河道上流动，最后冲决堤坝的必然结果。干旱则是由于过度砍伐森林、滥垦草原，使森林对气候的调节作用减弱而造成的。如埃塞俄比亚的干旱古已有之，饥荒一直威胁着这个国家的人民。然而，随着人口的激增，吃饭这一最基本的生存需要，驱使着人们开荒种地、毁林放牧，从而导致森林覆盖率从 1935 年的 30% 下降到如今的 3%。故此，每年有 20 亿立方米的土壤被冲出这块高原，消失在低地的河流和小溪中，水土流失极其严重。失去植被保护的地面把阳光直接反射到大气中去，大气层的温度因此升高。这样一来又随之抑制了云雨的形成，最终又进一步加剧了西起塞内加尔、东至埃塞俄比亚这块贫瘠的萨赫勒地带的干旱、沙漠化和饥荒。

众所周知的"厄尔尼诺"是近年来人们闻之色变的又一天灾。1995 年，墨西哥又深受其害，自年初至 5 月，几乎滴雨未下，酿成了墨西哥近百年来最严重的旱灾。据墨农水部统计，全国有近 260 万公顷土地未能按时播种，牛、羊等大牲畜大量死亡，直接经济损失已超过 2.4 亿美元。另外，炎热和缺雨致使森林火灾频频发生。1995 年头 5 个月森林火灾已逾 1323 次，烧毁森林 13.2 万公顷。气象学家们认为，造成这次灾害的罪魁祸首是厄尔尼诺现象。

在 20 世纪 60 年代，世界气象学家曾认为，厄尔尼诺现象只是区域性问题，它主要影响南美和澳大利亚沿海地区。然而 80 年代以来，通过气象卫星的勘测和实际观察发现，厄尔尼诺现象已在世界多处地方出现，并严重影响了世界正常气候的循环。据墨西哥 40 年代以后 40 年的气象分析，发现厄尔尼诺周期一般为 7 年，每次滞留 2～3 年。然而，自 80 年代末以来，这一周期开始发生变化。1986～1987 年发生后，1989 年再次发生。事隔两年，1991 年又开始发难墨西哥，且已持续了 4 年。它是否预示着厄尔尼诺周期缩短，滞留时间增长呢？尽管对形成厄尔尼诺现象的机制尚在探索中，但从其变化的迹象表明，它决不是天灾。

温室效应引起了气温变化，全球气温上升了 0.5℃～0.6℃，引起了全球海平面上升约 10～20 厘米。全球海平面的上升对沿海地区将带来严重危害。主要有海岸侵蚀加强、灾害性风暴潮频率增大、沿海低地将沦为泽国或沼泽、海洋资源遭受损失、河口地区盐水入侵等。

人类活动已对全球气候产生了影响。这种影响将波及许多方面，气候的反复无常打破了原有的气象规律，增加了各地的灾害。如今发生的各种各样灾害，都可以从人为方面去查找原因。

防微杜渐趋利避害

人类在同灾害的抗争中不断发展，到了今天，人类对灾害的成因、规律和后果都有了更深的认识。在此基础上，防微杜渐、趋利避害成为可能。

人们已认识到日益增多的洪涝灾害是由于水土流失的原因，而水土流失则起因于过度开荒。历史上人类早就创造了一些控制土壤流失的方法，如修建梯田、实行轮作制和休闲制等。如今，美国农业又实行了一种新式的免耕法。这种免耕法不用犁翻耕土地，让作物残余留在地面，种子就直接条播在土地里，以后也不用中耕机，而用除莠剂去杀死野草。除莠剂的大量推广，实行少耕和免耕，这样可以保护土壤。因为作物残余部分留在田间，减弱了雨水冲刷，表面径流也大为减少。美国采用免耕法的土地，1983 年上升到 0.51 亿公顷，约占全部作物面积的 1/3。人类滥垦滥牧的动机在于获得食物，若能控制人口增长，特别是在那些自然条件不太好的地区，就可以减轻对土地的压力。土地的沙漠化同样源之于此。除了控制人口外，合理放牧、退农还牧以及人工恢复植被等也可以有效地保护土壤，如位于我国黄土高原北部的榆林地区，经过长期的植树造林和植草治沙，气候条件得到明显改善，平均风速降低了49%，现在该区已是"风沙退、农牧兴"，一派繁荣兴旺的景象。

"万物土中生，有土斯有人。"据估计，如果不控制沙漠的蔓延，20世纪末，全世界有1/3的土地荒废，无数的人将面临饿死的危机。与水土流失和土地沙漠化比较起来，环境污染也许对未来的人类更具有威胁性。工业革命带来的"潘多拉盒子"的打开，造成地球上江河湖海臭气熏天、蔚蓝天空烟雾弥漫、酸雨普降、臭氧空洞……据预测，从现在起，如果不采取紧急措施，到2050年，大气中的二氧化碳的继续增多，将使地表气温升高

监测环境变化的卫星

1.5℃~5.5℃，海平面将升高0.2~1.56米；南极上空臭氧空洞继续扩大，北极上空也将重蹈覆辙；酸雨将成为上天的心酸泪水倾盆而下……一个个灭顶之灾在预警！谁又能说这是"杞人忧天"呢？

居安思危，未雨绸缪。显然，人类只有在这种状况还未达到严重程度之前就采取相应的措施才是现实的明智之举。据美国华盛顿世界观察研究所公布的一份研究报告表明，100年前全世界每年进入大气的二氧化碳仅9600万吨，而目前已达50亿吨，21世纪达到80亿吨。为此要求美国、俄罗斯和日本等国家首先将二氧化碳的排放量减少1%~3%；其次，要提高能源的利用率，将世界今后20年间照明、交通、电器和工业能源的使用效率提高一倍，这样可使二氧化碳的年排放量减少30亿吨；第三，各国尤其是发达国家的能源战略，要从依靠矿物燃料过渡到使用太阳能、风能、地热与核能等新能源，把阳光、风、地热和土地带回到人类生存的手段中去，

同时扭转毁坏热带森林的趋势，大大提高森林的覆盖率；第四，特别应该减少氯氟烃的生产，它不仅是臭氧损耗的罪魁祸首，而且是温室效应的帮凶。1987 年由许多国家政府共同制订的蒙特利尔协定仅要求到 1999 年将氯氟烃产量减少 50%，但 3 年后就改为到 2000 年完全取消其生产。1992 年 2月上旬，美国宇航局和几所大学的科学家宣布，在北半球某些地区包括美国最北部、加拿大、欧洲和俄罗斯上空的臭氧层在 1992 年冬到 1993 年春要减少 40%，原先的氯氟烃减产计划被大大提前。德国和美国的环境部门先是分别要求在 1995 年和 1996 年前停止氯氟烃生产，不久又把这个时间表分别提前到 1993 年和 1995 年。现在北欧有的国家已在告诫居民外出时尽可能戴帽子和墨镜了。

"人无远虑，必有近忧"

"人无远虑，必有近忧"，这一富有哲理的谚语是防灾救灾的经验之谈。

当今世界面临的种种困境，正是人类"无远虑"才产生的"近忧"。我国川滇交界区如今生态环境恶化，水土流失严重。但是当地土著人的《耶罗八爱歌》可以告诉我们这里早期的环境状况："当年起祖发根时，来到这块好地方，青苔碧绿水草嫩，野花野菜野果香。当年起祖发根时，来到这块好地方，不养家畜猪鸟兽，打捞鱼虾有鱼塘。当年起祖发根时，来到这块好地方，吃水种田不挑水，过河有藤作桥梁。当年起祖发根时，来到这块好地方，树木葱茏山水秀，男女老少都安康。"这么美丽富足的生活天地渐渐荒芜，就是由于滥伐森林而酿成的。明代名臣海瑞在做兴国县令时，曾上疏认为江西兴国林茂土肥适于屯垦，这位一代清官，万万没有想到兴国毁林开垦，在 400 多年之后的今天，竟然变成了南方的"红色沙漠"。在江南的兴国县，人民贫困到如同黄土高原的农民一样，"兴国要亡国"。

到了现代，人口激增，耕地需求量大，人们就更加向山林进军，"公路通，山就空"，就是如此结果。黄河的"悬"而未决已是我们的心腹之患。现在黄河滩面比新乡市地面高出 20 米，比开封市地面高出 13 米，比济南市地面高出 5 米。黄河一旦决口，则会危及北起天津南至扬州的整个黄淮海大

水土流失造成河道淤积

平原。这里城市密集，工厂林立，有 2 亿人口，粮食产量占全国总产量的 20%，棉花占全国总产量的 50% 以上，仅华北平原就拥有 5 大油田，7 条铁路。决口造成的直接经济损失将达 200 亿元，淹没面积将达 1.5 万平方千米，受灾人口达 1640 万～2340 万。如今人们担心的不仅仅是黄河，因为长江也给人敲响了警钟。长江上游水土流失的迅速加剧，携沙量的增多，荆江河段的"悬"，下游河水的污染，都要置这条黄金水道于死地。这不得不让我们警醒：黄河涨上天怎么办？长江会不会成为第二条黄河？

森林的大幅度减少，对整个世界环境的影响巨大。300 年前的工业革命，20 世纪以来的数十年工业发展时期，特别是化学工业的突飞猛进，人们所进行的掠夺式生产，任意排放的毒烟、污水、废品，已把地球糟塌得濒临无一方净土可觅、无一口洁水可饮的地步。人类的肆意排放污染水，森林这个庞大的净化器的受损，造成了天"漏"地"陷"。"女娲补天"的五色石又到何处寻觅？"精卫填海"的历史重任更加沉重。如果我们的前辈在向大自然中贪婪地夺取富源之时有点远虑，那么，也不至于造成今日的臭氧空洞和温室效应，从而导致海平面上升及沿海地面沉降等一系列生态危机。

这一前车之鉴应该引起我们足够的重视。我们无力纠正前人的错误倒也罢了，如果我们重蹈覆辙不能不说是人类的大悲剧。

　　1970 年，巴西总统作出一项也许是现代史上最仓促、最可悲的错误决策——开发亚马孙地区。亚马孙流域的森林面积约占世界热带雨林的一半，总面积达 650 万平方千米，其中 480 万平方千米在巴西境内。这里广阔的森林覆盖产生的氧气调节着南美以至世界的气候，被称为"地球之肺"、"自然的天

遭到破坏的亚马孙森林

堂"、"人类的宝库"。它向人类提供维持生命的氧气占 1/3，贮蓄的淡水占地表淡水总量的 23%，并且地球上 500 万种植物、动物和昆虫中的 100 多万种生长在亚马孙河流域。为了解决巴西东北部的人口过密、生活贫困问题，这里被辟为他们新的家园，于是开始砍伐那一望无际的原始热带雨林。每年平均有 200 万公顷的森林被砍掉。造成的直接后果便是南美大陆近年来气候变化无常，自然灾害频繁。据统计，南美洲近 20 多年自然灾害急剧增加，平均每年 10 起，至少导致 20 万人丧生。

　　发达国家以大量掠夺自然资源、污染环境为代价，换来了今天的富足生活。发展中国家和贫困国家为了摆脱贫困，正在步发达国家的后尘，重演这出悲剧。发展中国家的人口激增、森林减少、水土流失、环境污染是同一链条，只注意某一方面是无效的。发达国家无疑应该伸出援助之手，为了人类共同的明天协同并进。

　　现在，发达国家保护自然、爱护鸟兽、人与野生生物和平共处蔚然成风。发展中国家如果依然"春眠不觉晓，处处无啼鸟，偶有三两只，还用汽枪瞄"，无疑在毁灭自己的家园和自己生存的空间。

在环境灾害既成的今天，采取措施尽早防范无疑是明智之举。如面对世界洋面普遍上升这一灾难，沿海低地之国、之域，或严阵以待或迁居地方。荷兰正在建造一条纵深 9 千米的大坝，以备不时之需；意大利的威尼斯正在建造一条纵深达 2 千米的挡潮墙；美国环境保护局准备投资 1.1 亿美元来保护海洋；而位居印度洋中的马耳他，孤悬于太平洋中的瑙鲁等岛国则已经在大陆上购置地产，建立据点。

这是人类迫于威胁的消极之策。现代的"诺亚方舟"在人类自己手中，如果文明人类的未来不是昙花一现，如果文明人希望比恐龙的寿命更长一些，并且活得更潇洒、更体面一些，那么现在的一代人必须正视现实，更好地维护自己生存的权利，更好地管理全球生态系统。人类再不控制自己的行为，不对自己的现在和未来负责，必然大祸临头。这种灾难并不是"杞国无事忧天倾"，而是真实的、紧急的预警。

人类觉醒与第一次环境革命

从前，有一个城镇，这里的一切生物和周围的一切是那么的和谐。城镇被棋盘般排列的整齐的农场包围着，四周是茂盛的庄稼地，小山下是硕果累累的果树林。春天，繁花点缀在绿色的原野上；秋天，透过松树的屏障，能看见橡树、枫树和白桦闪射出火焰般的彩色光辉，狐狸在小山上欢快地叫着，小鹿静悄悄地穿过笼罩着秋天晨雾的原野。

沿着通往城镇的小路两旁，生长着葱郁的月桂树和挺拔的赤杨树，巨大的羊齿植物掩映着斑斓灿烂的野花。即使在冬天，小路两旁也十分热闹，无数的小鸟飞来，在露出于雪层之上的浆果和干草的蕙头上寻觅食物。在整个春天和秋天，这个地区是鸟类的天堂，无数迁徙的候鸟蜂拥而至，它们炫耀着嘹亮婉转的歌喉，显示飞翔时优美的身姿。清凉透彻的小溪从山中蜿蜒流出，欢快地唱着，注入绿荫掩映的池塘。池塘里，小鱼们相互追逐着，嬉戏着。爱好自然和户外活动的人们追随着春的气息，长途跋涉来到这里，沉浸在自然的美丽和观鸟、钓鱼的享受之中。

直到有一天，一个奇怪的阴影笼罩了这个地区，一切都开始发生变化。死神在四处游荡，神秘莫测的疾病袭击了村民们养的成群的小鸡，牛羊等牲畜也病倒并逐渐死去。人们也开始患上奇怪的疾病，医生的诊所里往来的病人络绎不绝。一些孩子在玩耍时突然倒下，几小时内小小的心脏便停止了跳动。

一种奇怪的令人恐惧的寂静笼罩着这个地方。这是一个没有声息的春天。这里的清晨曾经荡漾着百鸟的啼鸣，曾经奏鸣着生命的合唱；现在什么声音都没有了。鸟儿都到哪里去了呢？人们不安地猜疑着。在一些地方偶尔能看见零星的鸟儿，却也是气息奄奄，无力飞翔。母鸡仍在耐心地孵蛋，但小鸡却永远不会破壳而出。猪窝中躺着几只刚出生几天的小猪的尸体。苹果花孤寂地开着，听不见蜜蜂飞翔时翅膀嗡嗡的扇动声。曾经生长在小路两旁茂密的植被，现在犹如遭受了火灾的浩劫，焦黄、枯萎。小溪也变得寂寞，看不见游动的小鱼，也没有其他的生命来拜访它了。

这是美国海洋学家、环境学家蕾切尔·卡逊在《寂静的春天》一书中描绘的关于明天的寓言。这个关于不美好明天的描画，足可以深深地吸引读者，使读者继续读下去，想弄明白究竟发生了什么。原来，这个没有生命气息的春天是化学杀虫剂造成的恶果。化学杀虫剂对自然环境、生物、人体健康、基因等都有可怕的影响，杀虫剂的致命效用是不区分对象的，滥用杀虫剂可能导致生命的毁灭。蕾切尔·卡逊在这本书中所作的预言，虽然没有完全变成噩梦般的现实，但它所凭据的确凿事实和科学根据，说明它并非虚妄之谈。它为大自然敲响的警告之钟，确实引起了人们的思考和行动。《寂静的春天》是一本具有深远意义的书，它的影响远远超过了作者对它的最初期望，它掀起了一场环境革命，我们可以把它称之为触发人类觉醒的第一次环境革命。

昆虫始终是地球上所有生物中种类最繁多、数量最大的。在人类出现以前，昆虫作为大自然众多生命的组成部分，与自然界和谐共处。它们以各种各样的生存方式，参与地球的生态循环，无所谓利、无所谓弊。人类

149

出现之后，所有的一切都以人类利益的标准被加以划分，对人类有利的，即为益；对人类不利的，即为害。50多万种昆虫中有一小部分由于与人类的利益发生的冲突，便被人们列入害虫之列。它们要么与人类争夺食物；要么传播疾病。不管是哪一类的害虫，总是令人讨厌的，人们总希望去之而后快。例如，夏季猖獗的蚊子、苍蝇，在厨房里爬来爬去的蟑螂、蚂蚁，都是不受人类欢迎的，而又难以去除。以农业作物为食的昆虫，啃食作物，降低作物产量。它们犹如从人类口中夺食，农民们对之恨之入骨。

在人类社会开始发展农业的初期，昆虫并未成为一种祸患。昆虫问题是伴随着农业的发展而越来越明显、越来越严重的。任何一种生物的生存，都需要特定的环境。昆虫也是如此。农业的发展以单一作物大面积种植的扩展为特征，大面积的单一作物为某些昆虫的繁殖和激增提供了一个温床。

人们被迫面对昆虫的攻击和烦扰，努力寻找一种方法去消除它们。在这种需要下，人工合成化学药物工业在第二次世界大战后异军突起，飞速发展。二战前杀虫剂主要是简单的无机物，来源于天然生成的矿物质和植物生成物；二战后的合成杀虫剂具有更强烈的药力：它们不仅能杀死昆虫，还会随着食物链积累和传递，进入生物体内最重要的生理过程，使这些生理过程发生致命的病变。

DDT的例子极具典型性。1874年，一位德国化学家就合成了DDT。直到1939年，瑞士的保罗·穆勒才发现它作为杀虫剂有奇效。DDT被广泛使用的开始阶段，被誉为根绝害虫传染性疾病的手段和一夜间杀死农田害虫的高招。保罗·穆勒甚至因为它而获得了诺贝尔奖金。在二战时，粉末状的DDT用于喷洒在成千上万的士兵、难民和俘虏身上，以消灭虱子。DDT这种用途的广泛使用看起来并没有造成直接损害，因此，人们误以为它是一种无害的药品。而实际上，作为一种有机物，DDT更易融于油性溶剂中，粉末状的DDT不容易被皮肤吸收，并不说明它不具毒性。它可以通过消化道慢慢被吸收，进入生物体中富含脂肪质的器官内。最可怕的是，DDT在体内是不容易被代谢的，它的浓度可逐渐积累，并随着食物链传递，浓度不断增大。例如，如果用喷洒过DDT的苜蓿喂鸡，鸡体内就会累积DDT，

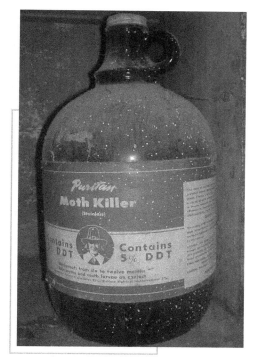

威胁人类健康的 DDT

鸡蛋中也就含有 DDT，人吃了这样的鸡和鸡蛋，DDT 就会转移到人体中。DDT 产生的影响是如此广泛，以至于在远离 DDT 使用地区的南极大陆上的企鹅体内，也检测出 DDT 的存在。在动物实验中，科学家发现，3ppm 的 DDT 就能阻止心肌中的一种主要酶的活动；5ppm 就会引起肝细胞的坏死和瓦解。

再者，杀虫剂是没有辨别能力的，它消灭人类希望控制的昆虫的同时，也危害了其他一切生物。这些化学药品进入土壤，危害着土壤中的生物；进入水体，危害着水中的生物和饮用水的生物；它们还进入生物圈，伴随食物链逐级传递，影响生物的生理过程，甚至可能诱导癌症的发生和基因的突变。生物世界的生存是一场你死我活的斗争，就像达尔文的理论一样，物竞天择，适者生存。在人类与昆虫的战争中，昆虫却以其顽强的耐力和灵活的变通性继续生存下来。在大力推行化学喷洒药品的重压下，昆虫群体中体质较弱的被消灭了，体质较强的却一代代地繁衍下来。这些存活下来的昆虫及其后代具备了很强的抗药性。

首次在医学上应用现代杀虫剂是在 1943 年的意大利，当时盟军将 DDT 粉剂喷洒在大批人身上，成功地消灭了斑疹伤寒。两年之后，为了控制疟蚊，又进行了广泛的喷洒。然而，一年之后，苍蝇和蚊子便开始对喷洒的药物表现出了抗药性。1948 年，另一种新化学药品——氯丹作为 DDT 的增补剂被试用。两年后，对氯丹有抗药性的蚊子和苍蝇也出现了。有位生物学家做了一个很好的比喻，他说，化学控制就像一个踏车，一旦我们踏上，因为害怕后果就不能停下来。人们试用了各种化学杀虫剂，到1951年底，DDT、氯丹、甲氧七氯、七氯和六六六等都被列入失效的化学药品之列。化学药剂越用越多，其效果却是越来越差。另一方面，这些害虫的许多天敌以及其他的生物，却无力抵抗滥施的化学药剂，数量剧减。

蕾切尔·卡逊罗列了各种事实进行论证滥施杀虫剂的危害后，指出了另外一条道路——生物控制之路。但她提出的另一个观点或许更令人深思：归根到底，要靠我们自己做出选择。如果在经历了长期的忍受之后，我们终于已坚信我们有"知道的权力"，如果我们由于认识提高而已断定我们正被要求去从事一个愚蠢而又吓人的冒险，那么有人叫我们用有毒的化学物质填满我们的世界，我们应该永远不再听取这些人的劝告；我们应该环顾四周，去发现有什么道路可使我们通行。她召唤民众发起一场运动，保护我们生活的环境。

长期以来，人类始终以一种征服自然、改造自然的态度来对待自然界，以为科学技术是解决一切问题的灵丹妙药，以为一切都可用人工方式加以控制。人们在实行某种措施、应用某项科学技术之前，往往没有认真地探究这些措施和技术究竟会带来哪些利弊，人类的生产活动也往往只顾眼前的局部的既得利益，忽视了对未来或对更大范围环境的不良影响。人们始终将大自然作为一个对手和控制对象来看待，粗暴地对待它、利用它。人类将自己置于一个统治者和独裁者的地位，根据自己的喜好和利益来恣意改变自然，却忘了人类源于自然，无论何时人类都只是自然的一个组成部分。

那时的人类如此地骄傲自大，似乎从没有怀疑过自己的正确性，人类的经济活动的运作也基本上是建立在对自然的不尊重和无知之上。

回顾历史，《寂静的春天》就像是荒野中的一声呐喊，第一次给人类敲响了警钟。1962年，当《寂静的春天》第一次出版时，公共政策研究和制定中还没有"环境"这一说法。尽管几大著名的污染事件已经发生，人们还没有深刻意识到人类对环境的影响究竟到了什么程度，大自然又是如何来报复人类的。因此，《寂静的春天》出版后，不仅在民众间引起了巨大反响，而且在工业界引起了轩然大波。它那惊世骇俗的关于农药危害人类的预言，曾受到了与农药利益攸关的经济和化学工业部门的猛烈抨击，但同时也强烈震撼了广大民众。

蕾切尔·卡逊第一次对人类的行为和人类的认识提出了质疑，引发人们开始思考人类究竟做了什么、仍在做些什么，倡导民众有权利了解发生的事情，参与决定社会应该采取什么措施，今后该做些什么。然而，蕾切尔·卡逊的这一本"警世恒言"，却不是那么顺顺当当地产生的。

蕾切尔·卡逊原本是一个海洋生态学家，1907年出生，1935年至1952年供职于美国联邦政府所属的鱼类和野生生物调查所，因此有机会接触大量的环境问题。1958年，她接到一封来自于马萨诸塞州的朋友来信，诉说她家后院里饲养的野鸟都死了，而1957年飞机在那里喷洒过杀虫剂以消灭蚊虫。当时，蕾切尔·卡逊正在考虑写一本关于人类和生态的书，因此她决定开始收集杀虫剂危害环境的例证。起初，她只打算写一本小册子，随着资料的增加，她感到问题比她想象的严重而复杂得多。为了使论述确凿符合事实，她阅读了大量的有关资料，向有关权威和专家进行咨询。在准备资料和写作的过程中，她便预料到了这本书的出版将会遇到巨大压力。蕾切尔·卡逊决定顶住各种压力和攻击，她认真地核查事实，仔细推敲过书中的每一段话。她以一个科学家尊重事实的高度责任心和非凡的个人勇气，将化学农药对生物、环境和人体造成的损害进行了无情的揭露。1962年该书一出版，一批有工业后台的专家首先在《纽约人》杂志上发难，指责蕾切尔·卡逊是歇斯底里的病人和极端主义分子。随着广大民众对这本书的注意越来越广泛，反对卡逊的势力也空前集结起来。反对她的力量不仅来自生产农药的化学工业集团，也来自使用农药的农业部门，甚至还有美国医学界。反对力量的攻击不仅指向她的这本书和她在这本书中体现的观点，也指向了她的科学生涯和她个人。

虽然蕾切尔·卡逊和《寂静的春天》受到了种种非难和攻击，但这本书毕竟建立在科学事实的基础之上，它确实向人们提出了一个一直被忽略的问题。蕾切尔·卡逊并非无中生有，她本着对科学忠诚的信念和对人类

153

命运前途的关心，将自己生命的最后精力全部灌输到这本书中。《寂静的春天》写作之时，蕾切尔·卡逊因患乳腺癌切除了乳房，同时还在接受放射性治疗，该书出版两年后，她心力交瘁，与世长辞。蕾切尔去世了，但她的思想是不甘寂寞的，她的呐喊是永不寂静的。她向人类几千年的基本意识提出了挑战，她所坚持的思想为人类环境意识的启蒙点亮了一盏明灯。《寂静的春天》出版后，立即受到了人民大众的热烈欢迎和广泛支持。人们开始关注环境问题，开始考虑经济活动和政府行动对环境的影响。《寂静的春天》播下的第一次环境革命的种子深深植根于民众之中。当《寂静的春天》发行超过50万册时，美国的哥伦比亚广播公司（（3BS）为它制作了一个长达一个小时的节目，甚至当两大出资人停止赞助后电视网还继续广播宣传。由于民众的压力日增，政府也被迫介入了这场环境运动。1963年，美国总统肯尼迪任命了一个特别委员会以调查书中的结论。结果证明，卡逊对农药潜在危害的警告是正确的。国会立即召开听证会，美国第一个民间的环境组织应运而生，美国环境保护局也在此背景上成立起来。

《自然保护主义者书架》这样评论《寂静的春天》："在美国，它成为当时正在出现的环境运动的奠基石之一，并且在由国家公园式的自然保护的视角向关注污染的视角转变的过程中，发挥了主要的作用。"《寂静的春天》造成的社会影响甚至可以与《汤姆叔叔的小屋》造成的社会影响相媲美。由于环境问题的长期性，也许它的作用更具有时间上的永恒性。蕾切尔·卡逊警告了一个任何人都很难看见的危险，并试图将环境问题提上国家的议事日程。她的影响力超过了书中所描述的事实，她使人们反思人类对自然的一贯态度；她暗示环境不仅是工业和政府的责任，也是每个公民的责任和权利。可以令她欣慰的是，她的希望已经部分地变成了现实。美国副总统阿尔·戈尔在为《寂静的春天》再版所做的前言里说："在精神上，蕾切尔·卡逊出席了本届政府的每一次环境会议。我们也许还没有做到她所期待的一切，但我们毕竟正在她所指明的方向上前行。"是的，整个世界都在她指明的方向上前行。

环境革命与可持续发展的提出

从太空中看到的地球是一个仅由白云、海洋、绿色植被和土壤组成的生态之球。人类在历史的进程中，不断地改变它并确实取得了长足进步，但我们也不能忽视人类对生态环境造成的负面影响和破坏。环境污染、资源匮乏、全球环境问题、人类共有资源的管理问题、贫困问题、粮食问题、世界安全问题、国际间的经济和政治关系等等，这些是单凭技术可以解决吗？人类是否可以仅仅生活在一个只有经济关系的社会中呢？环境问题和资源问题是否仅靠环境保护机构和资源管理机构就可以解决呢？在处理各种问题时，各国之间应该采取什么样的态度呢？在人类的发展道路上，我们应该采取一种什么样的生产方式和消费模式呢？什么样的发展是基于自然资源基础之上的发展，并且可以长久地持续下去呢？

人们在思考、探索这些问题的过程中，先后提出过"有机增长"、"全面发展"、"同步发展"和"协调发展"等构想。

1980年3月5日，联合国向全世界发出呼吁："必须研究自然的、社会的、生态的、经济的以及利用自然资源过程中的基本关系，确保全球持续发展。"1983年12月，联合国成立了世界环境与发展委员会（WCED），挪威首相布伦特兰夫人担任委员会主席，负责制订一个"全球变革的日程"。要求提出到2000年以至以后的可持续发展的长期环境对策；提出处于不同社会经济发展阶段的国家之间广泛合作的方法；研究国际社会更有效地解决环境问题的途径和方法；协助大家建立对长远环境问题的共同认识，为之付出努力，确定出今后几十年的行动计划等。当时，布伦特兰夫人作为挪威首相还要负责处理国家日常事务，而且联合国的任命并非轻易的使命和责任，整个目标看起来有些雄心勃勃、超过现实。整个国际社会也对世界环境与发展委员会是否能够和有效地解决这些全球性重大问题持怀疑态度。但是，布伦特兰夫人决定接受这一挑战，因为她认为，严峻的现实不容忽视。既然对于这些根本性的严重问题没有现成的答案，那么除了向前走、去摸索解决方法外，别无选择。为了能够综合地、全面地考察环境问题和发展问题，为了能够综合不同发展阶段各个国家的利益和观点，为了能够更科学地反映复杂社会和环境系统，具有广泛背景的 22 位成员组成了一个工作委员会。他们来自科学、教育、经济、社会及政治领域。其中，14 名成员来自发展中国家，以反映世界的现实情况。中国的生态学家马世骏教授也是委员会成员之一。由于委员会成员具有不同的价值观和信仰，不同的工作经历和见识，在如何看待和解决人口、贫困、环境与发展问题上，起初存在一些分歧意见，但经过长期的思考和超越文化、宗教和区域的对话后，他们跨越了文化和历史的障碍，于 1987 年 4 月提交了一份意见一致的报告：《我们共同的未来》，正式提出了要在全球范围内推广可持续发展的模式。

在《我们共同的未来》中，第一次明确地给出了"可持续发展"的定义，即"可持续发展是既满足当代人的需要，又不对后代人满足其需要的能力构成危害的发展"。这一概念有两层含义：一方面，我们需要发展以满足当代人的基本需要（尤其是贫困人民的基本需要）；另一方面，这种发展又应该以不破坏未来人实现其需要的资源基础为前提条件。简单地说，贫穷国家大多数人的基本需求——粮食、衣服、住房、就业等应该通过发展得到满足，但是如果这些满足是通过破坏资源和环境基础来实现的，如砍伐森林、过度捕捞渔业资源、造成严重的环境污染等，那么这种发展就是不可持续的。对那些经济发达国家来说，保持他们高消费的生活方式，意味着对生态环境和资源的更大压力，那么这种消费模式也是不可持续的。

可持续的发展并不等于一切停止不前，保持现状。对那些尚未解决人们温饱问题的发展中国家而言，为了提高人民的生活水平，满足人们的基本需求，发展是必需的、紧迫的。为了满足基本需求，不仅需要那些穷人占大多数的国家的经济增长达到一个新的阶段，而且还要保证那些贫穷者能够得到可持续发展必需的自然资源的合理份额。

在我们满足当代人的需求之时，不论是满足富国的需求还是满足穷国的需求，都应该想到我们所拥有的地球，不是从祖先那里继承来的，而是从子孙后代那里借来的。因此，我们必须考虑到后代人的利益。1992年的世界环境与发展大会上，13岁的加拿大女孩塞文·苏左克发表了一次感动世界的讲演。她说，"我们没有什么神秘的使命，只是要为我们的未来抗争。你们应该知道，失去我们的未来，将意味着什么？……请不要忘记你们为什么参加会议，你们在为谁做事。我们是你们的孩子，你们将要决定我们生活在一个什么样的世界里……"这是一个孩子对恣意挥霍自然资源的父辈们的请求和呼吁。

可持续发展概念看起来是一个抽象的、理论性的东西。我们这个现实的世界是什么样的呢？现存的各种全球性问题又是如何联系在一起的呢？

该报告对当前人类在经济发展和环境保护方面存在的问题进行了全面和系统的评价，指出经济发展问题和环境问题是不可分割的；许多发展形式损害了它们立足的环境资源，环境恶化又可以破坏经济发展。人类的活动影响国家、部门甚至有关的大领域（环境、经济和社会），整个地球正在发生巨大的发展和根本的变迁。这些巨大的变化将全球的经济和全球的生态以新的形式联系在一起。过去，人们一直在关注经济发展给环境带来的影响，现在，人们不得不面对生态破坏对经济发展的反作用力。而且，各个国家之间，不仅在经济上互相依赖着，在生态和环境上也日益密切地联系在一起。无论是在局部、地区、国家还是全球范围内，生态、环境和经济已经紧密交织成一张巨大的因果网。

生态、环境与经济的紧密联系应该是人类社会发展的基本出发点。在人类发展前景的问题上，该报告指出：人类有能力使发展继续下去，也能保证使之满足当前的需要，而不危及下一代满足其需要的能力。可持续发展的概念中包含着制约的因素——不是绝对的制约，而是由目前的技术状况以及环境资源方面的社会组织造成的制约和生物圈承受人类活动影响的能力造成的制约。人们能够对技术和社会组织进行改善，以开辟通向经济发展新时代的道路。

这是一种乐观的态度，但又不是盲目乐观。人类有能力发展下去，但人类必须意识到人类发展是有限制的发展。生物圈所能承受的压力是有一定的物理极限的，然而，人类可以通过调整人类自身的发展来不突破生物圈所能容忍的限度。在技术进步、社会关系以及政策调整等方面，人类可以大有作为，可以通过改善人类自身的活动走向可持续发展。

《我们共同的未来》明确提出了一些急需改变的领域和方面，这些问题可以概括如下：

改变生产模式

工业是现代化经济的核心，也是社会发展不可缺少的动力。通过原材料开发和提取、能源消耗、废物产生、消费者对商品的使用和废弃这一循环过程，工业及其产品对文明社会的资源库产生了影响。这种影响可能是积极的——提高了资源质量或扩大了资源利用范围；也可能是消极的——生产过程和产品消费过程中产生了污染、导致资源耗竭和资源质量下降等问题。如果工业发展要长期持续，就必须从根本上改变发展的质量。根据联合国工业发展组织的报告，如果发展中国家工业品的消费水平上升到目前工业化国家的水平，则世界工业产量必须提高 2.6 倍。如果人口增长按预计的速度发展，到下世纪某一时期世界人口大致稳定时，世界工业产量预计需要上升 5～10 倍。这种增长将给未来的世界生态系统及其自然资源基础带来严重影响。因此，工业和工业过程应该向以下几个方面发展：更有效地利用资源、更少地产生污染和废物，更多地立足于可再生资源而非不可再生资源；最大限度地减少对人体健康和地球环境的不可逆转的影响。

适度的消费模式

全球可持续发展要求较富裕的人们能够根据地球的生态条件决定自己的生活方式。只有当各地的消费模式重视长期的可持续性，超过最低限度的生活水平才能持续。可持续发展要求促进这样的观念，即鼓励在生态环境允许的范围内的消费标准和所有的人可以遵从的标准。这些话看起来有些晦涩难懂，但核心只有一个：人们的消费方式应该与生态环境的承载力相一致，发达国家高消费的生活模式对资源施加了太大的压力；这种消费模式不应该受到鼓励和支持，而应该予以改变。同样，存在于发达国家和发展中国家以及不发达国家的某些消费方式也是需要改变的。

综合决策机制

许多需要对人类发展问题进行决策的机构，基本上都是独立且分散存在的。它们往往只考虑部门内部的职责，按照各部门的要求而行事。例如，负责管理和保护环境的机构与负责经济的机构在组织上是分开的。有些部门的政策对部门的目标有利，对环境却是有害的。政府往往未能使这些部门对其政策造成的环境损害负起责任来。举例来说，过去工业部门只负责生产产品，而污染问题留给环境部门去解决。电力部门只管发电，酸性尘降等问题也让其他专门机构去处理。国家实行一项政策措施，也很少考虑该政策对环境的可能影响，一旦产生不良环境影响再做修补工作。这些事后的修补常常需要很高的费用，而且，一些生态影响是不可挽回的。因此，在各个部门行使自己的职责时应该将生态和环境的利弊综合考虑进去，进行综合决策，就可以避免可能的环境后果。这种综合决策机制，目前在全球范围内受到极大重视，研究者和决策者都在试图通过这种综合决策机制，寻求一种既能满足经济发展要求，又能对环境进行妥善保护甚至是改善的"无悔政策"或"双赢政策"。

人口问题

在世界的很多地方，人口的高速增长超过了环境资源能够长期支持的数量。粮食、能源、住房、基础设施、医疗卫生和就业等都赶不上人口的增长速度，现在的问题不在于人口数量多大，而在于人口的数量和增长率怎样才能与不断变化的生态系统的生产潜力相协调。人口控制对稳定生态环境和减缓资源基础耗竭非常重要。政府应该制订人口政策，通过各种形式来实现人口控制目标，并通过社会、文化和经济手段实施计划生育，不仅控制人口的数量，同时改进人口的整体质量。

159

粮食保障

该报告指出，目前全世界的人均粮食产量比人类历史上任何时期都要高，但由于粮食生产和分配的不均衡，仍然有 11 亿人无法得到足够的粮食。世界的农业发展并不缺乏资源，而是需要保证粮食生产以满足人们的需要。通过充分利用人类已经拥有的关于农业生产方面的技术，制订粮食供给和生活保障的新政策，可望实现保障世界粮食充足供给的目标。

能源消费

取暖、煮饭、制造产品、交通运输等人类生活中最基本的服务都是能源提供的动力。目前，人类主要依赖于矿物燃料和薪柴。矿物燃料的使用面临着耗竭的困境，据估计，石油可利用 50 年，天然气可利用 200 年，煤炭可利用 3000 年，同时，矿物燃料燃烧还带来了严重的污染问题：温室气体二氧化碳的大量排放、酸雨问题、颗粒物和氮氧化物等大气污染物的排放等等，都与矿物燃料的生产和消费过程相关。因此，提高能源效率、节约能源、开发可再生能源（如水电、太阳能、风能、生物燃料等）将会帮助我们解决能源问题，实现可持续发展。

另外，《我们共同的未来》中还探讨了国际经济对发展和环境的作用，如何管理人类的共有资源（海洋、外层空间、南极洲），如何建立一个安全稳定的国际秩序，国际机构在走向可持续发展道路中的地位和作用，公众参与的必要性、环境投资等问题。

可以说，《寂静的春天》掀起了第一次环境革命，辩论的焦点是环境质量与经济增长之间的关系，人们开始意识到环境问题，重视环境污染，并努力采取技术措施减小环境污染的损害；《我们共同的未来》则标志着第二次环境革命的到来，它重新界定和扩大了许多原有的概念，提出了可持续发展这一人类发展模式，并使得可持续发展成为第二次环境革命中最引人注意的词汇。它是人们对人类社会发展模式与环境关系的进一步思考和探索，辩论的焦点则转移到怎样达到有利于环境的经济增长的讨论上。它从环境保护的角度来倡导保持人类社会的进步和发展，号召人们在增加生产的同时，必须注意生态环境的保护和改善。它明确提出要变革人类沿袭已久的生产方式和生活方式以及决策机制，调整现行国际经济关系，并大声呼吁旨在动员民众参与的环境运动。在报告的最后，委员会宣称："以后的几十年是关键时期，破除旧的模式的时期已经到来。用旧的发展和环境保护的方式来维持社会和生态的稳定的企图，只能增加不稳定性；必须通过变革才能找到安全。"

这场变革已经开始，为了拥有一个美好的共同未来，世界各国正在合作中寻找一条符合自己国情的可持续发展之路。于是，在1992年，联合国在巴西的里约热内卢召开了"联合国环境与发展大会"，树立了环境和发展相协调的观点，并提出被世界各国普遍接受的可持续发展战略。可持续发展不仅成为理论学家和政治家必说的名词，而且，通过各国制定的可持续发展行动计划，它已经成为当今规模最浩大的实践活动。

环境与发展

世界可持续发展战略行动指南:《21 世纪议程》

在 1992 年召开的第二次人类环境与发展大会上签署的五个文件中,最富有指导意义的就是《21 世纪议程》。该议程充分体现了当今人类社会可持续发展的新思想和新概念,反映了环境与发展领域的全球共识和最高级别的政治承诺,而随后世界各国针对本国情况所制定和实施的国家级的《21 世纪议程》,将促使世界各国逐渐走上可持续发展的道路,走向我们共同的未来。

《21 世纪议程》是一个内容广泛的行动计划,该议程提供了一个从现在起至 21 世纪的行动蓝图,它几乎涉及到与全球可持续发展有关的所有领域。《21 世纪议程》原文有 20 多万字,本章只能就重点问题做简单的介绍。

总体战略目标

可持续发展的总体战略目标,简单地说,就是长期、稳定、持久地满足人类的需求。首先需要澄清几个重要的概念:

"人类"是指当代人与后代人,包括不论性别、年龄、种族、贫富、信仰、国家和地区差别在内的所有的人。

"需求"是指人类对物质生活和精神生活的需求,是指合理的需求,即对自己、对他人,包括当代人与后代人的利益都不造成损害的需求。这种需求不能超过地球承载力,在此前提下,"需求"还包括对于不断提高的

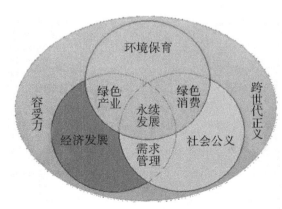

可持续发展示意图

物质和精神生活质量的需求。

"满足"是指人类对物质生活和精神生活欲望的达到或实现的一种心理状态。"满足"也应合理和科学，绝不能"人欲横流"，超越地球承载力或当前的生产水平。

"长期的"是指这种生活质量的提高是延续地、稳定地、不断地提高，而不是短期地、间断地提高。

可持续发展战略的最终目标是谋求人类长期利益的实现。

除了国家和地区的可持续发展战略目标外，还有部门、行业或产业的可持续发展战略目标问题。当然部门的、行业的或产业的可持续发展目标也都是为满足人类合理需求的总目标服务的，但也有它们自己的特点，例如：农业可持续发展的目标应包括保护基本农田和农业科技的进步；林业可持续发展的战略目标应包括林地覆盖的基本面积等；电子工业、信息产业等的可持续发展的目标，应包括高科技不断进步的潜力等；教育部门与科技部门的可持续发展的目标，应包括先进的基础设施和高水平的科技人才潜力等等。

163

可持续发展的战略重点

《21世纪议程》的可持续发展战略重点是社会、经济与环境的可持续发展。

可持续发展的核心是发展，是社会经济的共同发展。如果没有发展，社会就会停滞。但是这种发展的内容不但应包含社会经济的持续、稳定发展，还应包括人与人之间的和谐、平等和公正性的社会关系的发展。

经济可持续发展是《21世纪议程》总体战略的基础。这与我国以经济建设为中心的政策是相一致的。要建立一个可持续发展的社会，首先要建立一个可持续发展的经济。如果没有高度可持续发展的经济，人类的高度物质文明和精神文明就失去了物质基础，要提高综合国力和提高人民的生活质量，也必须要有强大的经济实力。同样，保护与改善环境也要有经济力量的支持，如治理污染、治理沙漠、改造盐碱地、防治土壤侵蚀，以及垃圾处理厂的建设等都需要一定的资金和物质支持。发展经济就需要资源，但在我们的地球上资源是有限的，开发新的资源和能源需要经济实力，发展科技与教育也需要有经济实力，所以经济可持续发展是可持续发展的基础。

但是，可持续发展决不是指单纯的经济问题和社会问题，更不是指单纯的环境问题和资源问题，而是四者相互协调的问题。社会的可持续发展，要以经济的可持续发展为基础，要以环境和资源可持续发展作为必要条件。经济的可持续发展的关键在科技，基础在教育，因此它是和社会发展分不开的。同时经济的可持续发展还需要资源与环境作为支撑。因此，我们的经济增长和发展模式，必须实现从单纯的经济增长向可持续发展的转变。

历史告诉我们，工业革命之后流行的经济增长模式，特别是生产和消费模式已难以为继。这种模式虽然使一些地方富裕和发达起来，却在更多的地方造成了贫困和落后；虽然提高了人的生产能力，却过度地消耗了资源、破坏了生态平衡和生存环境；虽然满足了部分人的短期需要，却牺牲了人类长远的发展利益。

《21世纪议程》要求世界经济从单纯追求增长向可持续发展转变，传统的发展观体现为以片面追求国民生产总值增长为目标的"大量消耗资源，大量生产，大量消费，大量废弃"的过程。这种生产过程是不完全的。原始时代地广人稀，人类还能像"牧童"面对广阔草原一样，每破坏一地则迁移到另一地，可是现在已无地可迁。人类在享受物质文明之果的同时也饱尝了环境污染的痛苦。现在，人类应该对其传统的经济增长模式进行全面反省。

从经济学角度讲，资源的稀缺可以通过价格和技术发展等因素调整；从物质和能量角度讲，其流通环节不畅和转换过程受阻需要外力来疏导、搭桥；从可持续发展角度讲，必须投入人力、物力来加强环境再生产的质和量。所以，人类困境的出路在于把传统经济增长改造为可持续经济发展，其关键需要制度创新。

改变视环境保护为公益性事业的看法，走出环保只是属于政府、法规管理范畴的误区，把市场机制引入环境保护领域。环境市场可由环境资源市场、环境产品市场和环境服务市场三部分组成。

随着社会总体消费水平的提高，仅仅通过环境市场使环境成本内在化而被动地保护环境是不够的，人类还必须主动地去建设环境，以加强环境生产，提高污染消纳力和资源生产力。环境建设本身不应该仅作为一项公益事业或义务劳动。

在世界运行的基本层面上，我们不但要调和三种生产中每一种生产的内部运行环节的内容和机制，以保证三个生产本身的生机勃勃，而且还需要调和三个生产之间的联系方式和目标，以确保世界系统的和谐与可持续发展。

环境建设就是基于这种认识提出来的，目的在于使已本末倒置的三种生产运行关系从不和谐变为和谐，其作用机制是通过人的生产和物质生产的产品——劳动力和物力部分投入到环境生产中，在环境科学理论指导下提高环境生产力，从而保持、改善环境质量，增大环境承载力。

从物质和能量的流动角度，我们可以把传统的经济增长模式和可持续发展模式的特征表述为：

在传统的经济增长模式下，作为生产过程投入的环境质量和资源基本上是无价或低价的；但其生产的产品却是高价。其物质、能量单向流动的结果导致了"大量生产，大量消费，大量废弃"的不可持续的经济增长。

把传统经济增长改造为可持续经济发展，首先强调的是要以真实成本使用环境和资源投入，其产品也要以真实价格出售；并强调清洁生产过程，从而使生产过程产生的废弃物最小。在进行物质和人的再生产的同时，还必须重视环境建设。

新的全球伙伴关系

历史告诉我们，没有和平与稳定，就谈不上保护环境和促进发展。今天，环境与发展是全人类面临的共同问题。国际社会必须超越国界，超越民族、文化、宗教和社会制度的不同，为人类的共同、长久利益，同时也是为了各国的切身利益，同舟共济，通力合作，发挥集体智慧，治理和保护环境，实现"可持续发展"。可持续发展的"公平"原则，强调当代和后代人之间，大国和小国之间，富国和穷国之间的公平，包括代际公平和区际公平。

为了实现这个目标，《21世纪议程》和《里约宣言》发出了建立一种"新的全球伙伴关系"的呼声。这种呼声是基于以下几方面的共识。

1. 保护环境和发展离不开世界的和平与稳定。

战争和动乱不但造成生命、财产的重大损失，对于生态环境也必然会带来严重破坏。在推进世界环境保护和发展事业的同时，各国应致力于本国的稳定，维护地区与世界的和平，通过谈判和平解决一切争端，反对诉诸武力相威胁。

2. 保护环境是全人类共同的责任，但是经济发达国家负有更大的责任。

人类共同居住在一个星球上，某些环境问题已超越国家和地区界限，解决全球环境问题是每个国家和地区的共同利益所在。从历史上看，环境问题主要是发达国家在工业化过程中过度消耗自然资源和大量排放污染物造成的；就是在今天，发达国家不论是从总量还是从人均水平来讲，其对资源的消耗和污染物的排放仍然大大超过发展中国家，对全球环境恶化负有主要责任。因此，发达国家应为发展中国家提供新的额外资金并以优惠条件转让环境保护技术，以帮助发展中国家改善自身环境和参与保护全球环境。这样做不仅对发展中国家有利，对发达国家来说也是符合其自身利益的明智之举。

3. 国际合作要以尊重国家主权为基础。

国家无论大小、贫富、强弱都有权平等参与环境和发展领域的国际事务。解决全球环境与发展问题，必须在尊重各国的独立和主权基础上进行。各国有权根据本国国情决定自己的环境保护和发展战略，并采取相应的政策和措施。与此同时，各国在开发利用本国自然资源的过程中，也应防止对别国环境造成损害。

4. 处理环境问题应当兼顾各国现实的实际利益和世界的长远利益。

人类需求和欲望的满足是发展的主要目标和动力。可持续发展要求满足全体人民的基本需要以及要求过较好生活的愿望。目前，一些发展中国家人口的基本需求——粮食、衣服、住房、就业等——还没有得到满足。很明显，可持续发展强调在基本需要没有得到满足的地方经济增长的重要性，但是仅仅增长本身是不够的，高速的生产率和贫困可以共存，而且会危害环境。因此，可持续发展要求：社会从两方面满足人民需要，一是提高生产发展潜力，二是确保每人都有平等的发展机会。

知识的积累和技术的开发会加强资源基础的负荷能力，但是环境基础有最终不可超越的限度。可持续发展要求，在达到这些限度之前的较长时间内，全世界必须保证公平地分配有限的资源和调整技术以减轻对环境、资源的压力。

5. 在现实世界，资源耗竭和环境压力等许多问题产生于经济和政治权利的不平等。

一片森林可能由于乱砍滥伐而遭破坏，因为生活在那里的人们没有选择的余地，或者因为木材开发者比当地的居民更有影响力；一个富强国家可以向贫穷国家输送有害废弃物，因为贫穷国家在国际社会的政治和经济地位低下。发达国家不但应承担其在全球环境问题中的历史责任，还应帮助发展中国家的发展。因为一个充满贫困和不平等的世界更容易发生生态环境和其他社会经济危机，这些都将影响发展的持续性。

任何一个国家都不可能光靠自己的力量取得成功，而联合在一起，我们就可以成功，全球携手，求得持续发展。

《21世纪议程》的主要内容

《21世纪议程》包括4个部分，共40章。其主要涵盖的内容包括：

第一部分：社会经济方面。其中包括：为加速发展中国家的可持续发展进行国际合作；贫困问题；消费模式；人口与可持续性；保护和促进人类健康；促进可持续的人类住区；制订政策以实现可持续发展。

第二部分：为发展的需要，进行资源保护与管理。其中包括：保护大气；统筹使用土地资源；森林保护及合理利用；制止沙漠蔓延；保护高山生态系统；在不毁坏土地的条件下满足农业的需求；维持生物多样性；生物技术的环境无害化管理；保护海洋资源；保护和管理淡水资源；有毒化学物质的安全使用；危险废物的管理；寻求解决固体废物的管理办法；放射性废物的管理。

第三部分：加强主要团体的作用。主要包括：有关妇女的行动；持续的和公平的发展；可持续发展的社会伙伴关系。

第四部分：实施的方法。主要包括：资金来源和机提高环境意识；建立国家的可持续发展能力；加强可持续发展的机构建设；国际法律文件和机制。

168

可持续发展行动——绿色实践

我们没有什么神秘的使命，只是要为我们的未来抗争。你们应该知道，失去我们的未来，将意味着什么？……请不要忘记你们为什么参加会议，你们在为谁做事。我们是你们的孩子，你们将要决定我们生活在一个什么样的世界里。

——塞文·苏左克

（这是一个13岁的加拿大女孩在1992年的世界环境与发展大会上代表全世界儿童所发表的演讲）

绿色文明

20世纪中叶，环境问题开始作为一个重大问题由一些科学家提出来。人类首先的反应是依据传统学科的理论和方法去研究相应的治理方法和技术，然而在实践中，人类进一步体会到：单靠科学技术手段，用工业文明时代的思维定式去对环境进行修修补补是不能从根本上解决问题的，必须在各个层次上去调控和改变人类社会的思想和行为。人类终于认识到：人类对自然的态度涉及到人类自身文明的生死存亡。

地球需要绿化，但这只是治标，根本而言，首先应该绿化我们的心。环境污染是近、现代工业化过程的产物，但根源还是人心的问题，即是人性、道德、伦理、哲学层次上的问题。只有清除"心灵污染"，才是人类社会能够持续发展的根本途径。我们需要一种新的文明、新的道德伦理观来绿化我们的心。

绿色文明的宣言

生态学知识告诉我们：生物圈并不需要人类，而人类却绝对离不开生物圈。假如人类从地球上消失，生物圈可能会如常运作，而且会更少一些污染，更多一些物种。

农业文明和工业文明曾分别被形象地比喻为"黄色文明"和"黑色文明"，农民赖以为生的黄土成为农业文明的象征，从工厂的烟囱和汽车排放出的滚滚黑色烟雾成为工业文明的特征，此外它们还有一个共同特征：都是以牺牲环境为代价来换取经济的增长。

人类无论怎样推进自己的文明，都无法摆脱文明对自然的依赖。人与自然就像是一盘相互对弈的棋，而且这是一盘人类永远也下不赢的棋（永远到直至人类自然或突然灭绝）。宇宙按其自然规律演化，如果人类违背这些规律，最终的输者必是人类。即使他能攫取到一些满足，但最后连生存都将不可持续。

人可以无所不能，但绝对应该有所不为。

人类需要"进行一场环境革命"来拯救自己的命运，需要从对人类文明史的反思中建设一种新的人与自然可持续发展的文明。今天，一个环境保护的绿色浪潮正在席卷全球，这一浪潮冲击着人类的生产方式、生活方式和思维方式。人类将重新审视自己的行为，摒弃以牺牲环境为代价的黄色文明和黑色文明，建立一个人与大自然和谐相处的新的人类文明阶段——绿色文明。

绿色文明是对人类进入工业文明时期以来所走过的道路进行反思的结

果。这些新观念的出现是历史的必然，是取代工业文明的新文明的核心内容。

绿色文明将是人类与自然以及人类自身间高度和谐的文明。人与自然相互和谐的可持续发展，是绿色文明的旗帜和灵魂。

绿色文明观把人与环境看作是由自然、社会、经济等子系统组成的动态复合系统，以人类社会和自然的和谐为发展目标，以经济与社会、环境之间的协调为发展途径。

绿色文明道德观提倡人类与自然的和谐相处、协调发展、协同演化，也就是说人类应理解自然规律并尊重自然本身的生存发展权；人类对自然的"索取"和对自然的"给予"保持一种动态的平衡；绿色文明既反对无谓地顺从自然，也反对统治自然。

绿色文明要求把追求环境效益、经济效益和社会效益的综合进步作为文明系统的整体效益。环境效益、经济效益和社会效益是应该而且可以相互促进的。如一个好的生态环境有利于人体健康和经济发展；经济发展则为生态环境保护和社会发展提供物质基础；而社会的健康发展又使人们的环境保护意识和生产能力得以增强。

绿色文明认为技术是联结人类与自然的纽带。同时，技术又是一把双刃剑，一刃对着自然，一刃对着人类社会，所以必须对技术的发展方向进行评价和调整。

绿色文明要求打破传统的条块分割、信息不畅通和拍脑门决策的管理体制；建立一个能综合调控社会生产、生活和生态功能，信息反馈灵敏，决策水平高的管理体制。这是实现社会高效、和谐发展的关键。

绿色文明主张人与人、国与国之间的关系互相尊重，彼此平等。一个社会或一个团体的发展，不应以牺牲另一个社会或团体的利益为代价。这种平等的关系不仅表现在当代人与人、国与国、社团与社团的关系上，同时也表现在当代人与后代人之间的关系上。

在《中国的 21 世纪议程》中提出："在小学《自然》课程、中学《地理》课程中纳入资源、生态、环境和可持续发展内容；在高等学校普遍开设《环境与发展》课程，设立与可持续发展密切相关的研究生专业，如环境学等，将可持续发展贯穿于从初等到高等的整个教育过程中。"

只有共同的忧患，才有共同的行动；只有共同的行动，才有共同的未来。

人类共同居住在一个地球上，全球资源通过世界市场共享；全球环境问题跨越国界，影响每一个国家和每一个地球村民。要达到全球的可持续发展必须建立起巩固的、全新的国际秩序和合作关系。保护环境、珍惜资源是全人类的共同任务。

人们逐渐达成共识：走可持续发展之路，建立可持续的生产和生活方式是人类的唯一选择。清洁生产、环境标志、环境保护运动、绿色消费……绿色已经进入到经济、政治、生活的各个领域，人类正在绿化自己。我们希望人类社会能因此进入一个生机勃勃、绿意盎然、充满希望的春天，在 21 世纪开创绿色文明的崭新时代。

绿色使人想起树木、草地、青山碧水，想起春天；绿色象征生命，象征和平，象征勃勃的生机，象征繁荣。绿色是人与自然和谐相处、协调发展的人类新文明的标志。

绿色科技

经过漫长、曲折的人类文明进化过程，现在的人类已获得了以无数的方法，在空前的规模上改造环境的能力。如果对此明智地使用，就可以给人类带来开发的利益和生活质量的提高；如果轻率地使用这种能力，就会给人类和人类环境造成无法估计的损害。因此，科技需要绿化。

科技需要绿化

人类发展的历史证明：科学技术在改变人类命运的过程中具有伟大而神奇的力量。在今天人类面临环境退化和经济发展两难境地的历史关头，更是如此。

人口多少、经济增长和科学技术是人类活动中对环境影响最大的因素，大致可以用这样一个式子来表示：环境污染＝排污系数×人均收入×人口。那么为了控制环境污染可以从等式右边分别入手：降低污染强度、减少人均收入和控制人口增长。

然而人口的合理增长和经济福利水平的持续提高是人类社会追求的福祉。相形之下，最有调节和控制弹性的变量就是经济活动的污染强度，即通过大幅度降低污染强度而实现在绝对人口总量增长、人均收入水平日益提高的情况下抑制环境退化的目标。

曾几何时，一些传统的诸如能源、化工、冶炼、酿造、造纸等领域的科技应用确实伴随着大量的污染问题；但随着科技的进步，已产生了许多对环境无害甚至有益的科技。问题的核心在于人如何正确认识、掌握、发展和应用科技，使之与对人类福祉的追求并行不悖。实际上，我们是完全可以做到这一点的。

对于汽车排放尾气污染环境的问题，身受其害的人们大张挞伐：应该限制汽车，最好不生产。然而持反对意见的人们也有自己的理由：汽车解决了人的交通问题，而且可以促进经济发展——尽管它确实带来一些污染环境问题，并给人们的身体健康带来了损害。要解决好这个问题，采取"因噎废食"的办法是行不通的，根本的途径在于让科技来参与。据报载，环境保护型汽车已经诞生，它使用液化石油气或者电气，具有燃烧充分、排气洁净等特点，一举解决了尾气污染问题，加上先进的引擎设计，如低热排放发动机、陶瓷发动机、改进的机动车电子控制等，绿色科技将使这样的低噪声、无尾气污染、节能型汽车在未来大放异彩。

再比如"白色污染"，解决这个问题，严禁生产和使用塑料类产品并非上策，因为某些塑料类产品确实给人们带来了方便。根本的出路也在于让科技来参与：一家公司已经研究出一种"绿色餐具"，以麦秆、稻草、玉米秆、甘蔗渣等植物纤维为原料，不含任何对人体有害的物质。用后48小时可以自行降解，而且扔在海洋江河里还可以做鱼饲料，丢在田地里可以肥田，真正是一举数得。

现在，我们应该全面地认识科技。这意味着我们不但要对现有污染强度大的技术进行淘汰或改造，降低其污染系数；还要对未来在发明和应用新技术时加以谨慎的评价。对于科技带来的影响，应不仅仅只从经济效益来衡量，还要从它对生态环境、对人体健康的直接影响和长期累积效应来衡量。评价指标应体现环境、社会和经济效益的统一。

绿色科技

形象地说：科技需要绿化。从现代环境保护角度来看，不是科技，而是科技伦理决定了人类的未来。

1．绿色的清洁能源技术

（1）太阳能：太阳能相对于人类来说，是取之不尽而且没有污染的。将阳光聚焦产生热能，可以做成目前人们使用的太阳能热水器、太阳灶；人类还可以通过光电技术将太阳能转化为电能，电子计算器、人造卫星、宇宙飞船就是利用了太阳能转化的电能。

（2）核能：核裂变科技几乎可以在没有污染排放的情况下提供能量。自从1954年世界上第一座核电站建成以来，已有400多座核电站投入运行，发电量已达到全世界发电总量的1/6。我国秦山核电站和大亚湾核电站已开始发电，而且中国正在大力发展核能发电技术。

现在的核能发电技术都是利用放射性重元素裂变所产生的热量来发电，其原材料在地球上也是有限的。而且核裂变技术有潜在的放射性污染。

目前世界各国正在研究热核聚变技术，它的原料是地球甚至宇宙中最大量存在的元素氢，而且聚变产物是更稳定且无污染的氦。科学家预言，人类将在30年内取得热核聚变的技术，并建成热核聚变发电站。这意味着人类社会的能源结构将发生革命性的变化，能源枯竭的危险将最终无影无踪。

（3）地热能源：地球开始形成是高达几千度的大火球，表面虽然经过几十亿年已冷却，但其内部仍然保存了大量的热能；地球内部的放射性元素衰变时也能释放出大量的热量。地热能源主要存在于地下天然的热水、蒸气、干热岩石、岩浆等。仅世界干热岩石所储能量就是世界所有矿物燃料能源储量的20倍，只是今天的科技尚不能完全加以开发利用。

（4）风能：风力行船、提水、推磨，人类利用风能已有几千年的历史。现代技术又可将风能变成效率更高的电能。风能来源丰富，又没有污染。如果将全球陆地上的风能充分利用起来，产生的电力将相当于目前全球火力发电总量的一半。

（5）生物能：在古代，薪柴曾经是人类主要的生活能源，现在广大的农村，仍有很多地方在使用它，它给人类带来了很大的室内空气污染。

沼气——一种新的生物能源，不但热效高，无污染，而且还能消除污染。因为沼气的原料就是大量的生产和生活的废弃物，如人畜粪便、杂草、收割后的庄稼以及扔弃的瓜果蔬菜。我国现在大约有1000万个沼气池在农村使用，随着技术进一步提高，沼气还可用于发电和农用机械。

（6）潮汐和温差发电：海洋中蕴藏的丰富动力能（潮汐和波浪）可以用来发电，同时海水表面和深层的温差也可发电。有人计算，如果在南北纬20°之间的海洋用温差发电，只要将海水表面温度降低一度，就可以满足全球的电力需要。

2. 环境友好的清洁生产技术和无废技术

无公害的清洁生产技术，不仅要求实现生产过程的无污染或少污染，而且要求生产出来的商品在消费和最终报废处理过程中也不对环境造成损害。

"三废三废，弃之为废，用之为宝。"无废技术就是要实现"没有垃圾，只有资源"的神话，无废技术采取社会生产流程封闭循环的方式，使资源在生产的各个阶段都能得到充分利用，并且不排放污染物质，即甲产品排放的废弃物可作为乙产品的原料，乙产品的废弃物可作为其他产品的原料。目前兴起的垃圾经济学设立出三条从废弃物到资源再利用的回路：一是资源型回路，即废纸、废铁回收再利用；二是商业型回路，即重复利用包装物；三是能源型回路，如焚烧产生热能发电等。垃圾经济学认为：世界上没有垃圾，只有放错了地方的资源。

绿色生产

俗话说"民以食为天"，粮食是人类生存的基础，农业生产自古以来就是社会经济活动中的重要组成部分。在西方工业化国家，农业虽然在国民经济中所占的比重小于工业和服务业，但作为生产人类生存必需品的产业，农业仍然是重要的生产部门。我国是发展中的农业大国，农业需要负担 13 亿人口的吃饭问题，13 亿人口每天需要吃掉 7.5 亿千克的粮食。因此，粮食的充足供应和农业生产水平的提高对保持国家稳定、提高人民生活水平具有重要意义。此外，中国绝大多数人口仍然生活在农村，而农村经济相对落后，9 亿农民中大部分人的收入不高，生活水平较低。同时，中国农业还面临着各种问题：农业自然资源相对紧缺、水土流失和土地沙化严重、农村污染严重、农村经济落后、农业科技水平相对落后等。20 世纪五六十

绿色生产标志

年代起，工业化国家掀起了一场"绿色革命"（当时指的是农业领域中旨在提高农业生产效率的技术和经济变革）。他们将现代科学技术大范围、大规模地应用在农业当中。化肥、农药、除草剂、农用塑料薄膜和农业机械的广泛使用，大大提高了农业生产力，使农业专业化生产迅速发展，农产品商业化程度不断提高，农业生产由传统农业发展到了现代农业。然而，农业投入从 1950 年到 1985 年却迅速增长。35 年内，化肥的消耗量增加了 9 倍以上；农药的消耗量增加了 33 倍；土地灌溉面积扩大了一倍。人工合成化学

药剂的使用，造成了一系列的负影响。如大量使用农药导致农药污染土壤、水体，甚至农产品中也含有一定的农药；土壤变得贫瘠、土地生产力下降；大量投入的工业能源和产品，使农业投入越来越高；农产品产量虽然提高了，产品品质却下降了；不合理的灌溉导致土地盐碱化等。为了解决农业发展与生态环境的协调问题，20世纪80年代中期西方农业界提出了可持续农业的概念。然而，对不同的国家来说，农业发展的要求是不相同的，对可持续农业的理解也有差异。发达国家的农业生产水平较高，食物生产以质量为主要目标，十分重视食品的安全和营养，因而更多地强调资源环境的保护。

对发展中国家来说，农业投入水平较低，经营粗放，农业发展的潜力较大，温饱问题还没有得到彻底解决，粮食的数量增长还是第一位的。所以，发展中国家则更强调量的增加，寻求一种以发展为目标的可持续农业。发达国家和发展中国家由于基准不同，对农业的要求各有侧重，但都希望实现农业生产和环境的协调发展。

我国的可持续农业

新中国成立以来，我国在农业方面取得了令全世界瞩目的成就，基本解决了不断增长的人口的吃饭问题。然而，粮食问题和农村发展问题仍然是压在中国人民心中的一块重石。农业专家对近几十年我国农业生产所取得的成绩进行回顾，发现粮食产量从1500亿千克增长到4500亿千克用去了41年（1952年至1993年）；而最后增加的500亿千克用去了9年，年增长率仅达4%。这表明土地生产的潜力在经过长期的挖掘之后，粮食产量的增长每一步都举步维艰，意味着需要更多的资金和物质投入。同时，我国的农业发展还面临环境和资源的挑战：

（1）农业自然资源相对紧缺：我国农业长期以来以相对紧缺的自然资源承担着巨大数量人口的粮食需求压力。我国有12亿人口，14.4亿亩耕地。人均占有耕地面积仅为1.2亩，仅为世界平均水平的1/4，美国的1/9，加拿大的1/20，澳大利亚的1/34。更令人心惊胆战的是，由于水土流失、沙漠化等自然原因和工业、建筑、基础设施等占用农业土地，我国建国以来耕地面积以平均700万亩/年的速度在减少。如此下去，50年后，中国人均耕地面积将不足0.7亩，与日本现在的人均耕地面积相等。而日本粮食的2/3依赖进口，中国倘若也是如此，那时堂堂大国的16亿人口将如何解决吃饭问题？

（2）中国农村的生态环境问题：想象中的农村应该是碧水蓝天绿树，实际上农村污染和生态破坏已经到了不容忽视的地步。例如，农药和化肥的使用导致土壤和水体污染，农产品品质变坏。我国农产品中农药的检出率达到98%以上，有的超标90%以上（如烟草中的六六六），粮食中的有机氯农药残留超标率高达16%～19%。农村垃圾随处丢弃；牲畜粪便等造成了有机物污染；焚烧麦梗等造成大气污染、能见度下降；土地过度开垦，肥力下降，水土流失等造成农业生态系统的退化；农村的小企业造成的工业污染……尽管没有城市环境问题那么明显，农村也早已不是一片净土。

为了保护中国的农村环境，实现农业可持续发展，我国需要找到一条新的可持续农业发展道路。一方面，保持农业稳产、高产、增产仍然是我国农业生产的目标；另一方面，我们又不能采取工业化国家发展农业的高投入模式。我国的土地已经耕种了几千年，仍然能保持良好的肥力，充分说明传统的农业经营方式与自然生态环境较为协调。因此，我们需要继承传统农业保护环境、资源永续利用的优点，又应该借鉴石油农业高生产力的优点，还要努力摒弃传统农业生产力水平低下、石油农业环境污染、资源耗竭的缺陷，才能使生态农业成为一种符合中国实际情况的可持续的农业耕作方式。生态农业根据生物与环境相适应的原则，致力于利用生物之间的共生、互补、相生相克等特性，就可以把生态效益与经济效益结合起来，既能够以最小的代价取得最大收益，又能够维持和改善生态系统，培养持久发展的潜力。

目前已经开发并实施的有效的农业生态技术模式主要有：稻田养鱼，沼气利用，绿色和有机无污染产品，有害生物综合防治，混农林业，农牧结合，种养结合。

177

长江三角洲和珠江三角洲都是鱼米之乡，又有种桑养蚕的传统。"桑基鱼塘"是该地区著名的生态农业模式，在易发生水灾的低洼地区挖塘养鱼，在鱼塘的田埂上种植桑树。桑叶用来养蚕，蚕蛹和蚕桑废弃物喂猪，猪粪和蚕沙喂鱼，鱼塘中的淤泥用于做桑树的肥料。这样，就构成了一个小小的生态循环系统。这些生态农业的模式，都尽可能地将绿色植物合成的能源和物质多次使用，一项农业活动的废弃物作为另一项农业活动的投入原料，提高了资源的利用效率。同时，在整个生产活动中，投入基本上是自然产品，不会造成污染。

绿色消费

生态学上，将所有的生物划分为三大类：生产者，消费者，分解者。生产者指各种绿色植物，因为它们可以利用太阳的光能和二氧化碳，通过光合作用生成有机物。消费者指各种直接或间接以生产者为食的生物。我们人类被列入消费者的行列。分解者指各种细菌、真菌等微生物，它们分解生产者和消费者的残体，将各种有机物再分解为无机物，归还到大自然中去。整个自然的各种生命，组成了一个完美的循环。随着生产力的发展，我们人类的消费也逐渐变得越来越复杂。在原始阶段，人类不外乎是采集野果，捕捉猎物，消费的剩余物也是自然界中的东西，很容易被分解者还原到自然中去。而在近代和现代，人工合成了许多自然界不存在的消费品，如塑料、橡胶、玻璃制品等，这些消费品的残余物，被人类抛弃进了大自然中，但分解者还没有养成吃掉它们的"食性"。塑料、橡胶、玻璃等难以腐烂，难以在短期内重新以自然界能消融的形式再返大自然，便作为垃圾堆存下来。另外，我们所使用、所食用的东西，它们的生产过程已经不是纯粹的自然过程，因此，它们的生产，也对环境产生了影响。例如，我们吃的面粉，它的生长过程需要大量的人工、机械，甚至化学药剂的投入。首先，麦种可能是人工培育出的高产杂交品种，需要农业生物学家的研究和育种，种植时需要机械播种，接着在生长过程中为了提高产量可能需要施加化肥，为了抵抗害虫的侵袭而喷洒杀虫剂，为了去除野草使用除草剂，最后还要机械收割，脱壳，再磨成粉，去除麸皮……小麦的生长阶段和面粉的加工过程中，都会对环境产生影响。播种、收割用的机械，需要人工制造，钢铁需要从采矿开始，到制成机身，机械的开动需要柴油或汽油等能源；未被吸收的化肥会随着径流流入河流、湖泊，造成富营养化；农药会杀死害虫以外的其他生物，还会残留在土壤中，破坏土壤结构，加剧土壤流失。

绿色食品并不是指绿颜色的食品。奶粉可以是绿色食品，牛肉也可以是绿色食品。如果你注意观察，许多食品的包装袋上都有一个小绿苗的标志，旁边有"绿色食品"的字样。这些食品在生产和加工的过程中，尽量不用或少用化学药品。因为化学药品可能会残留在食物中，随着进入人体，对我们

保护环境志愿活动

的健康造成损害。例如，果园里喷洒农药，农药会残留在水果的表皮中；用生长激素喂猪，激素会进入猪肉中，人吃了这样的猪肉，激素会影响人体的新陈代谢和正常发育。有机食品比绿色食品的要求更严格，它们的生产过程完全不允许使用任何化学合成物质，它们是真正无污染、高品位、高质量的健康产品。

工业化国家的消费方式及其影响

2300 年前亚里士多德就说过：人类的贪婪是不能满足的。在人们面对丰富的物质世界、琳琅满目的商品、各种各样娱乐方式时，人们有着不断膨胀的物欲，想得到的是更多的物质。工业化国家过去几十年中形成了一个消费主义社会，消费被渗透到社会价值之中。在国家经济增长的政策中，

消费被看作是推动经济发展的动力。在二战后开始富裕的美国，一位销售分析家声称："我们庞大而多产的经济……要求我们使消费成为我们的生活方式，要求我们把购买和使用货物变成宗教仪式，要求我们从中寻找我们的精神满足和自我满足……我们需要消费东西，用前所未有的速度去烧掉、穿坏、更换或扔掉。"事实上，几十年来，西方工业化国家正是沿着这么一条道路在发展，创造了一种高消费的生活方式。在经济逐渐起飞的发展中国家，人们也在拼命追随这种标志着所谓"现代生活"的消费主义潮流。占世界人口 1/5 的西方工业国家的消费者们，把世界总收入的 64% 带回家中。他们消耗了更多的自然资源，对生态系统的影响也更大。在世界范围内，从本世纪中叶以来，对铜、能源、肉制品、钢材和木材的人均消费量已经大约增加 1 倍；轿车和水泥的人均消费量增加了 3 倍；人均使用的塑料增加了 4 倍；人均铝消费量增加了 6 倍；人均飞机里程增加了 33 倍。这些消费的迅猛增加都与一定程度的环境损害相联系。这些增加的消费，主要发生在发达国家；一些发展中国家的消费水平也有了一些提高。而最贫穷的国家，消费几乎没有什么变化。就美国而言，今天的美国人比他们的父母在 1950 年多拥有 2 倍的汽车、多行驶 2 倍半的路程、多使用 21 倍的塑料和多乘坐 25 倍距离的飞机。高消费的生活方式给环境带来了巨大影响。这种生活方式需要巨大的和源源不断的商品输入，例如汽车、一次性物品和包装、高脂饮食以及空调等物品——生产和使用它们需要付出高昂的环境代价。给消费主义社会提供动力来源的矿物燃料，释放出的二氧化碳占所有矿物燃料释放出二氧化碳的 2/3；工业化国家的工厂释放了世界绝大多数的有毒化学气体；他们的空调机、烟雾辐射和工厂释放了几乎 90% 的臭氧层消耗物质——氟氯烃。而且，工业化国家的许多消费，需要从贫穷国家输入原料。贫穷的发展中国家为了偿还外债或使收支相抵，被迫出卖大量的初级产品，而这些产品会损害他们的生态环境。巴西便是一个活生生的例子：因为背负着一笔超过 1000 亿美元的外债，巴西政府通过补贴来鼓励出口工业。结果，这个国家成为一个主要的铝、铜、钢铁、机械、牛肉、鸡肉、大豆和鞋的出口国。工业化国家的消费者得到了便宜的消费品，而巴西却受着污染、土地退化和森林破坏的困扰。

工业化国家的消费主义在影响着发展中国家，高消费的生活方式被错误地当作一种先进的时尚而被追随。宽敞的住房、私人汽车、名牌服装等成为发展中国家新近富有起来的阶层的标志。而进口食品、冷冻食品、一次性用具、各种家用电器、空调等在寻常人家也越来越普遍。改革开放后，中国的经济迅猛发展，人们的生活水平也有了很大的提高，消费水平随之上升。

本杰明·富兰克林曾经说过："金钱从没有使一个人幸福，也永远不会使人幸福。在金钱的本质中，没有产生幸福的东西。一个人拥有的越多，他的欲望越大。这不是填满一个沟壑，而是制造另一个。"高消费的生活方式是否令人们感到更幸福呢？就像人们常说的：幸福是金钱买不到的。对生活的满足和愉悦之感，不在于拥有多少物质。我们可以看见贫穷而快乐的家庭，也可以看见富有而不幸福的家庭。据心理学家的研究，生活中幸福的主要决定因素与消费没有显著联系。牛津大学心理学家麦克尔·阿盖尔在其著作《幸福心理学》中断定，"真正使幸福不同的生活条件是那些被三个源泉覆盖了的东西——社会关系、工作和闲暇。并且在这些领域中，一种满足的实现并不绝对或相对地依赖富有。事实上，一些迹象表明社会关系，特别是家庭和团体中的社会关系，在消费者社会中被忽略了；闲暇在消费者阶层中同样也比许多假定的状况更糟糕。"因此，我们应该摒弃拥有更多更好的物质便会更满足的想法，因为物质的需求是无限的。而生活的物质需要是可以通过比较俭朴的方式来实现的。幸福和满意之感只能源自于我们自身对家庭生活的满足、对工作的满足以及对发展潜能、闲暇和友谊的满足。既然幸福与消费程度不显著相关，幸福只是一种内心的体验，追求幸福之感则没有必要通过追求物质生活的享受来实现了。

绿色行动

罗马俱乐部——非政府间的国际组织

1968年4月，美国、日本、德国、意大利、瑞士等10多个国家的30

多位科学家在意大利首都罗马的林赛科学院召开研究人类当前和未来的困境——生存问题的首次国际性讨论会。会后成立了一个非政府之间的国际组织——罗马俱乐部。这家俱乐部陆续发表了一些对世界舆论产生广泛影响的研究报告。目前，参加罗马俱乐部的已有来自40多个国家的100多名代表。

当今世界，环境问题引起国际社会的广泛关注，在全球范围内兴起了日益高涨的保护人类生存环境的运动。

《人类环境宣言》——只有一个地球

1972年6月5日，在瑞典首都斯德哥尔摩召开了联合国人类环境会议。会议通过了《联合国人类环境会议宣言》（简称《人类环境宣言》），它成为全球环境保护运动的里程碑。斯德哥尔摩会议的主要功绩在于唤醒了世人的环境意识，使各国政府和人民为维护和改善人类环境、造福全体人民、造福后代而共同努力。

同年，第27届联合国大会接受并通过将联合国人类环境会议开幕式6月5日定为"世界环境日"。

作为会议的背景材料，受联合国人类环境会议秘书长委托，在58个国家152位成员组成的顾问委员会的协助下，巴巴拉·沃德和雷内·杜博斯编写了具有深远影响的《只有一个地球》。

《东京宣言》——我们共同的未来

1987年2月，世界环境与发展委员会会议在日本召开，会上通过了《我们共同的未来》报告，并发表了《东京宣言》。这份报告是受联合国38届大会委托，在委员会主席、挪威首相布伦特兰夫人的领导下，集中世界最优秀的环境、发展等方面的著名专家学者，用了两年半的时间，到世界各地实地考察后完成的。报告系统地研究了人类面临的重大经济、社会和环境问题，提出了一系列政策目标和行动建议。

《里约热内卢宣言》——环境与发展

1992 年 6 月 3 日在巴西里约热内卢举行了联合国环境与发展会议，180 多个国家出席了会议。

联合国环境与发展会议通过和签署了 5 个文件：《关于环境与发展的里约热内卢宣言》、《21 世纪议程》、《关于森林问题的原则声明》、《联合国气候变化框架公约》、《联合国生物多样性公约》。

从斯德哥尔摩《人类环境宣言》到《里约热内卢宣言》，经过了 20 年的实践和探索，人们逐渐扩展了对环境问题的认识范围和深度，把环境问题与社会经济发展问题联系了起来，这就是可持续发展的理论。

北京宣言——挑战与行动

1991 年 6 月 18 日，在北京举行了发展中国家环境与发展部长级会议。会议深入探讨了国际社会在确立环境保护经济发展合作准则方面所面临的挑战，特别是对发展中国家的影响，并通过了《北京宣言》。《北京宣言》指出，当代"严重而且普遍的环境问题包括空气污染、气候变化、臭氧层耗损、淡水资源枯竭，河流、湖泊及海洋和海岸环境污染，水土流失、土地退化、荒漠化、森林破坏、生物多样性锐减、酸沉降、有毒物品扩散和管理不当、有毒有害物品和废弃物非法贩运、城区不断扩展、城乡地区生活和工作条件恶化特别是卫生条件不良造成的疾病蔓延，以及其他类似问题"。

ISO14000 环境管理系列——绿色革命

1972 年，斯德哥尔摩人类环境会议之后，具有卓识远见的经济学家和企业家开始意识到环境问题将反过来影响经济，并预感到 21 世纪的工业生产必将产生一场以保护环境、节约资源为核心的革命。这就是目前已经破土出苗的"绿色革命"。

在一些先行国家的企业中已经开始实施"绿色设计"、"清洁生产"、

"绿色会计"、"绿色产品";有一些国家的政府和消费者团体已经向人民群众大力宣传和号召购买绿色产品。

环境管理系列还实施环境标志制度。早在 1978 年，德国（原西德）就首先使用了环境标志，之后加拿大、日本、美国于 1988 年，丹麦、芬兰、冰岛、挪威、瑞典于 1989 年，法国、欧洲联盟于 1991 年也都实施了环境标志。中国于 1993 年 8 月正式颁布了环境标志。目前，世界上共有 20 多个国家和地方已实施或正在积极准备实施环境标志。可以说，环境标志在世界上兴起了一场保护环境的绿色浪潮。

港台一瞥——香港和台湾的民间环境保护运动

在环境问题的解决上，公民个人的能力和学识都很有限，若公众组织起来，成立民间环境保护社会团体，开展环境保护宣传、环境科学学术交流、环境保护科技成果推广、环境科学知识咨询等活动，将会有效提高全民族的环境意识，并为政府决策提供有力的参谋。在这方面，香港和台湾的民间环境保护运动就是明显的例证。

香港作为国际性的大都市，有着繁荣的金融贸易和发达的加工业、交通业及城市能源供应。随之产生的环境问题也十分突出，除政府的环境管理工作外，香港的民间环境保护活动日益活跃。在香港，民间环保团体分为三类：一类是全港性组织，如长春社、地球之友和绿色力量；第二类是区域性组织，如世界野生生物香港基金会和工人健康中心；另有许多附属社区服务中心的组织和学校的保护环境学会。

成立于 1968 年的长春社旨在"关心生态、保护环境"，使地球生物能享有良好的生态环境，它出版的季刊《绿色警觉》尝试从科学、文化、社会各个角度透视环境问题。世界野生生物香港基金会（简称 WWF）是目前香港规模最大的民间环境保护团体，提倡及促进保护大自然和一切自然资源。WWF 在香港仅存的大片湿地——后海湾成立了自然保护区和野生生物教育中心，为环境研究和教育不遗余力地工作。

地球之友于 1983 年在香港注册成为慈善团体，其宗旨为照顾地球及其居民，它的环境保护运动主要着眼于臭氧和热带雨林，出版的季刊《一个地球》发行量 4000 份。

校园环境保护

台湾的民间环境保护活动也十分蓬勃，他们的民间环境保护团体有三类：一类是有官方支持的组织，如著名社会活动家张丰绪任会长的自然生态保育协会和台湾环境保护联盟等。另一类是财团法人性质的基金会，如绿色消费者基金会、美化环境基金会、新环境基金会等。再有一类专门性的学术团体，

如野鸟学会、环境工程学会、环境卫生学会、环境绿化协会、海洋保护学会等，这些团体包括了学术性、教育性及政策游说性的机构。有的还在台湾各地设有分支机构，而且其他性质的民间组织如女青年会也开始关注起环境问题并积极开展环境保护活动。

女性参与环境保护

1992 年召开的环境与发展大会通过的纲领性文件《里约宣言》指出："女性在环境管理和发展方面具有重大作用。因此，她们的充分参加对实现持久发展至关重要。"

1995 年，第四次世界妇女大会秘书长格特鲁德·蒙盖拉在接受《我们的行星》杂志记者采访时指出，国际社会必须充分认识到，如果不发挥占世界人口近一半的妇女的潜力，人类的任何目标都难以实现。人类社会的发展离不开妇女，"人类的发展必须被赋予权能。如果发展意味着要对全体社会成员扩大机会，那么妇女长期被排除在这些机会之外，将会整个地扭曲发展的过程"（引自《1995 年人类发展报告》）。第三次世界妇女大会通

过的《内罗毕战略》指出：妇女参与发展就是要切实保证妇女和男子一样，都能平等地参与国家经济、社会发展规划的制定和执行计划的各种活动。

人们常把地球比作母亲，环境就是地道的女性。地为人母、滋生万物，环境造就了万物，创造了人类，环境与我们同在。环境给人类以慷慨，正如女性给世界以母爱。正如哥斯达黎加前第一夫人玛格瑞塔·阿若丝说过："在环境保护问题上，没有人比女性更具有道义上的责任感。"第四次世界妇女大会通过的《行动纲领》中指出，"在促进一种环境道德规范，提倡减少资源的使用，反复利用并回收资源以减少浪费和过度的消费等方面，妇女往往起着领导作用或是带头作用，她们会影响对可持续发展消费方面的决定"。女性与环境有着天然密切的联系。女性的天性使之对客观事物有着细致的观察力。女性所承担的养育子女繁衍后代的神圣天职，使她们对生命有着特殊的感觉，因此更加深切地关注影响人类健康、危及子孙后代的环境问题。这正是她们发挥独特作用、参与环境管理和决策的优势所在。

环境的污染，女性首先深受其害。畸胎自母体而出；沙漠吞噬了家园，母亲更渴望绿色。20 世纪 60 年代，当整个世界陶醉在工业文明的巨大成就之中时，是一位女性——卡逊最早注意到农药和化学品对环境的伤害，写下了《寂静的春天》一书，唤醒了人们的环境意识，而她自己却成为环境污染的受害者，患乳腺癌而过早地离去。

1972 年，第一次人类环境大会在瑞典首都斯得哥尔摩召开，多位学者撰写的报告《只有一个地球》成为这次大会的理论准备和精神纲领，而这份报告的一位主要作者也是一位女性——英国经济学家巴巴拉·沃德。她以经济学家的敏锐和女性的热忱，传播着这样一个被人遗忘太久的常识——人类只有一个地球。

19 年后，又是一位女性——挪威首相布伦特兰夫人，领导世界环境与发展委员会写下了具有世纪性影响的报告《我们共同的未来》，她以政治家的远见关注着人类的未来。

1987 年，拥有 800 万之众的世界女童子军在世界范围举办了环境无害化活动。当年，世界女童子军联合会获得了"全球 500 佳"的光荣称号。

当代世界正向文明迈进，什么是文明呢？美国作家爱默生说："所谓文明是什么，我的回答就是杰出的女性的力量。"

占世界人口 1/10 的中国女性，对保护地球环境和人类未来肩负着重要的责任，她们是实施可持续发展的一支生力军。

1994 年，"六五"世界环境日之际，"首届中国妇女与环境会议"在北京召开，发表了《中国妇女环境宣言》。该宣言指出"中国妇女有理由关注，也有义务推进中国从传统模式向可持续发展模式的转变"。

1995 年，为迎接联合国妇女大会，中国环境科学学会曾于 2 月间在北京大学环境科学中心，组织召开了"女性与环境"研讨会。其中一个重要议题就是如何发挥女性在保护环境中的作用。女性健康与环境有着特殊的联系，女性在教育子女、提高家庭成员环境意识、选择合理的消费方式等方面更是具有重要作用。在加强立法保护女性权益的同时，应发动和组织女性积极参与各个层次的环境保护工作，采取措施加强对女性的环境教育，提高其参与能力，创造条件使女性在环境保护运动中充当主力军，做出更大的贡献。

风起云涌的校园环境保护

青年几乎占世界人口的 30%。青年是世界的未来，我们青年共同的未来不但需要政治上所创造的安定、团结的社会环境，同时也需要一个安宁和谐的自然环境。青年的广泛参与是可持续发展战略得以贯彻和延续的重要保证。

世界各国都在采取积极的行动，促进青少年参与可持续发展。

1992 年，世界环境与发展首脑会议通过的《里约宣言》告诉我们："应调动世界青年的创造性、理想和勇气，培养全球伙伴精神，以期实现持久发展和保证人人有一个更好的将来"。

世界环境保护事业离不开亿万中国青年的积极参与。中国是一个环境大国，环境保护是一项基本国策，广大青年已成为这项国策的响应者和实践者。

1994 年 4 月 22 日，时任美国副总统戈尔于"地球日"发起了一项"有益于环境的全球学习与观测计划（GL，OBE）"，邀请各国青少年参加。该计划主要是动员各国青少年和儿童通过观察和收集当地的环境数据，通过电脑处理后进行交换，从而更加清楚地认识全球环境现状以及所面临的环境危机。中国也加入了这一计划。

　　中国在 1993 年成立了"中国青年环境论坛"，并就"中国青年与环境保护"和"青年企业家与环境保护"展开讨论。各地成立了诸如徐州矿务局中学生环境保护小记者团、武汉大兴路小学红领巾环境观测站等非政府组织，并都获得了"全球 500 佳"的荣誉称号，促进了与世界各国青少年的交流和合作。

　　青年大学生更是环境保护、建设生态文明的主力军。首都高校已有几十家与环境保护有关的社团组织，曾组织过"跨世纪青年绿色志愿者联谊活动"，自觉承担起保护环境的历史重任。1995 年，北京大学爱心社组织了"爱心万里行"长征队，以高度的责任感和爱国心风尘仆仆奔波了一个月，以实际行动保护生态环境；首都高校环境社团联合组队去云南山区，保护濒于灭绝的野生动物；每年一届的中国青年环境论坛学术会议上，青年环境科学家们会聚一堂，发表了《中国青年环境宣言》……

　　在具有百年优秀历史的北京大学，与环境直接或间接有关的社团将近 10 家，如北大环境与发展协会、绿色生命协会、爱心社等。

　　北京大学环境与发展协会成立于 1991 年 5 月，现有会员共 410 余名，遍及北大所有院系，是北大科研水平最高的学术社团之一，也是北京高校最早成立的环境保护性公益社团。多年来，环发协会兴办过一系列独具特色的环境活动。例如编写《环境·污染与健康》在校内广泛传阅；编写《北京大学校园环境报告书》，以大量翔实的数据对北大的水、空气、噪声和辐射污染进行了全方位的观测分析，引起了广泛关注；组织会员参观过密云水库、官厅水库的水源保护，考察了龙庆峡、康西草原等风景区的旅游资源保护；还曾赴鞍山钢铁厂、北京炼焦化学厂和山东嘉祥县造纸厂进行调查研究，赴西双版纳热带雨林、张家界亚热带常绿阔叶林和黄土高原温带落叶阔叶林等自然保护区考察学习。大量的活动丰富了协会会员的经验，也及时充实了协会的材料库。此外该协会还成功举办了北京大学环境与发展文化节；协会还曾举办"可持续发展青年研讨会"、"中国环境科学座谈会"、"环境科学图片展"等，参加过国际生物多样性会议、中日环境教育研讨会等国际性的学术交流活动。

重庆大学"绿色家园"协会的会标是蓝绿黄三片树叶，蓝色代表洁净的天空，绿色代表青山绿水，黄色代表土地；河北经贸大学的"自然之子"协会钟情于大自然——人类是自然之子，人类应当成为大自然的卫士；吉林大学"环境保护协会"认为，大学生接受的是高等教育，如果我们都缺乏环境意识，就更谈不上全民族环境意识的提高；云南大学"唤青社"在云南撒播绿色的希望；辽宁师大"爱鸟协会"宣言——没有鸟的城市是座可悲的城市，同样，不爱护鸟的人，是可悲的人。

在中国，方兴未艾的环境保护浪潮吸引了大学生充满热情、充满憧憬的目光。他们不仅密切注视国内外的最新环境保护动向，而且身体力行，积极参加有关环境的社会实践活动。现实让他们懂得：保护环境，需要的是行动而不是空谈。

绿色未来——青年的使命

这是一个伟大的变革时代，是一个让青年发挥聪明才智，同时也是青年面临诸多挑战的时代，其中最大的挑战就是人类生存环境的恶化，如果任其发展，那么不仅人类进步的生命支持系统的基础将被毁灭，而且连几千年来创造的文明也将毁于一旦。

绿色消费环保袋

我们青年的所作所为在很大程度上决定着人类未来的命运。毛泽东曾经说过："世界是你们的，也是我们的，但是归根结底是你们的。"青年是朝气蓬勃的；青年精力充沛，乐于学习新的知识，接受新的思想；青年对生活充满美好的憧憬，富于建设和改造世界的勇气，是未来的希望。现代的青年是跨世纪的一代，到 21 世纪初正是风华正茂，年富力强，为国家和人类做贡献的时候。青年，有责任，也有优势担负起这一历史使命，开创我们人类共同的未来。

茫茫宇宙中的这颗湛蓝星球是目前所知唯一的生命之舟。它给予人类的是物质的精华，而人们的回赠却是工业污染和生活垃圾：在倾倒废料的海滩、在核泄漏的现场、在森林枯死的重山僻野、在烟雾弥漫的城市……我们都听到了地球母亲无奈的叹息和呻吟。

地球曾经默默无言，忍气吞声地承受了人类战天斗地的征服和改造。在巨大的压力面前，我们的地球已显示出某些破损的迹象。只要地球的自然运动规律出现一点点偏差，就会给人类带来灾难。面对无知而又贪婪的孩子，地球母亲正在失去耐心。

人类在严重的环境危机面前，已经开始了有意识的自拔。

1970 年 4 月 22 日，美国哈佛大学学生倡议保护环境，即日 2000 多万人参加了游行和讲演，后来这一天被定为"地球日"；洛杉矶有个"树人"组织，20 年来植树 2 亿株，发起者是一个 18 岁的青年；正当美国青年以植树来体验"友爱和互助的欢愉"时，英国青年则醉心于园艺——城市环境建设；意大利的绿色大学办得蓬勃兴旺；日本青年要求把"公民享有健康、自然的环境"作为基本人权通过法律形式固定下来……

中国延续不断的文明史最为悠久，中国的生存方式和文明在各方面留下了痕迹，而中华民族长期的活动对环境也产生了巨大的影响。近 20 年，中国经济以每年近 10% 速度迅速增长，综合国力大大加强。可就在国力上升的同时，我国的大气、水体和土壤质量日趋恶化，全国 1/3 的耕地水土流失、4/5 以上的河流、湖泊受到污染，城市居民呼吸的污染空气比国际标准高出 10 倍以上……

中国就站在这样一个山坳上：一边是经济的高速增长，一边是环境的急剧恶化。"发展中国家要取得发展，就一定要牺牲环境吗？"这是常被讨论和争论的话题。有人从日本的经验中得出结论："这是一个历史规律。"然而日本环境厅发布的《日本公害经验》表明：用于解决环境公害影响的费用，远远超过为杜绝公害的预防性措施的费用，正是人类无计划和盲目的开发导致了公害的发生。这对我们有什么启示呢？

中国青年面前有两条路可以选择：一条是养育地球，追求经济、环境、社会的协调发展，它通向可持续发展的繁荣昌盛；另一条是前人走过的路，以毁灭生态环境、践踏地球为代价，片面追求高速的经济增长，最终将使增长停滞。

《世界资源保护大纲》中有这么一句名言："地球不是我们从父辈那儿继承的，而是我们从自己的后代那儿借来的。"

由于上一代人滥用资源，破坏环境，致使现在我们大家一起承受大自然的惩罚；如果我们现在继续滥用环境资源，也会使我们的子孙后代的生存和发展受到威胁，他们将谴责我们的无知、贪婪和短视（就像我们谴责前人一样），但是同样，他们却无法向我们讨债，要求拥有公平的不受到损害的发展环境。

"我们再也不能吃祖宗饭，断子孙路啦！"在环境问题上，历史留给我们改正错误的时间不多了。人类的未来取决于我们现在的行动。我们必须摒弃急功近利的发展模式和杀鸡取卵的短期行为。这不仅仅是为了我们自己，也是为了我们的子孙后代的幸福安康。

中国青年一向以热情、智慧、勇气、理想、创造力和意志而著称于世，有着提高生活质量，维护生态平衡，关心人类未来的强烈愿望。中国青年理应成为世界环境保护运动的一支主力军。

中国青年以执着的精神和惊人的气魄，开展了一项项环境保护运动：广泛开展植树造林、绿化祖国的活动；大力推行旨在提高全民族环境意识的宣传和教育；积极参与节约资源和治理污染的科学研究和技术发明；广大青年已成为环境保护这项国策的积极响应者和实践者，在"爱鸟周"、"植树节"、"地球日"、"环境日"、"臭氧日"等活动中发挥了重要作用。

为了在自然界取得自由，我们必须明智地运用知识，在同自然合作的前提下建设一个良好的环境；为了这一代和未来的世世代代，保护和改善环境已成为人类一个紧迫的目标。把这个目标同争取世界和平与发展这两个既定的基本目标结合起来，才能构成真正意义上的人类社会的共同发展。

我们青年要以主人翁的姿态，高度自觉地投入到求得人类更美好的社会、经济、环境生存发展的事业中去，未来在召唤着我们，世界在召唤着我们……

我们要同各国青年携起手来，在全球范围内掀起环境保护运动的浪潮。虽然我们肤色不同，语言不通，但共同的阳光雨露滋润着我们成长。高耸的山峰是地球的筋骨，奔腾的江河是地球的血脉，世界是属于我们大家的，而我们只有一个地球。

让我们青年用坚挺的脊梁撑起世界屋脊，把激荡的热血注入海洋的脉搏……让江河欢畅地奔流，让树木自由地成长，让动物安宁地生存，把茂密还给森林，把蔚蓝还给天空，把青春美丽还给地球母亲……

珍惜我们共同的家园——地球，我们将以热烈而镇定的态度，紧张而有秩序的实际行动投身于人类生存、发展和未来的必然选择——保护环境、珍惜地球、爱护生命、维护和平，扎扎实实地走在世界可持续发展的道路上，走向人类共同的未来。

我国的人与自然和谐发展战略

当前我国人与自然关系现状

总体上讲，我国人与自然关系尚处于比较协调、比较和谐的状态。近几十年来，在调整人与自然关系方面，我们做了大量工作，取得了较为明显的成效。首先，自 20 世纪 70 年代初开展的人口计划生育工作，使我国人口出生率大幅度下降，人口快速膨胀势头得到有效遏制，人口生育行为基本上进入有计划状态；教育、体育事业的普及和发展，使中国人口的文化素质、身体素质有了明显提升；这一切，均为我国经济、社会的持续发展争取了相对宽松、良好的人口环境。其次，资源环境保护工作已列入党和国家重要议事日程，可持续发展和科学发展观的相继提出，表明人口、资源、环境问题正成为国家发展战略的重大课题；《水法》、《矿产资源法》、《森林法》、《草原法》、《土地管理法》、《环境保护法》、《大气污染防治法》、《水污染防治法》等一大批法律法规相继出台，基本扭转了资源、环境保护无法可依的局面；媒体的广泛宣传和发展实践的教育，公众的资源环境意识正在觉醒，珍惜、节约自然资源，关爱、保护生态环境，正逐步引起越来越多社会公众的关注和重视；这同样为我国经济、社会持续发展提供了相对良好的环境条件。

但是，我国人与自然关系中仍存在一系列不和谐因素。主要表现在以下几个方面：

一是人口问题比较突出。首先，人口规模过大，年均增长量过高。我国现有人口 13 亿 540 万，年均递增 800 万人左右。如此庞大的人口规模和过高的增长量，一方面形成了对资源的过度需求，加剧了对资源、环境的破坏和污染。另一方面，就业压力日益沉重。农村现有富余劳动力接近 2 亿；城市就业难已成为普遍现象，大学毕业生初次就业率只在 70% 左右。目前，"城镇每年新增劳动力 1000 万人，加上上年结转的 1400 万失业和下岗人员，需要安排就业的达 2400 万人。……按经济增长 8%～9% 计算，每年可新增 900 多万就业岗位，加上补充自然减员，共可实现就业 1100 万人，年度劳动力供求缺口仍在 1300 万人左右"。在未来可预见的时期内，我们的就业压力将与日俱增。其次，人口结构存在问题。其一是城乡人口结构欠佳。据 2004 年全国主要人口数据显示，城镇人口为 5.43 亿人，乡村人口为 7.57 亿人；剔除"市镇"人口中的农村人口，城市人口占总人口比例只在 40% 左右，较世界平均水平约低 10%。其二，出生婴儿性别比失调。出生婴儿性别比正常值应在 105.5 左右，可第五次全国人口普查人口资料显示：我国这一数值为 116.9；其中海南和广东，更分别高达 135.6 和 130.3。

"预计 2010 年男性将比女性多出 4300 万人"。性别比失衡，将影响未来人口婚配和社会安定。再次，人口老龄化趋势迅猛。1999 年我国即已进入老龄化国家，现有 60 岁及以上老龄人口 1.34 亿；山东"平均不到 8 个人中就有 1 个老年人；到 2010 年全省老年人比例将达到 14.6%"。老龄化来势迅猛，且在变富之前变老，将对经济、社会带来严峻挑战。总起来看，我国人口规模、增速、素质、结构不利于人的全面发展以及人与自然的和谐发展。

二是资源日渐短缺。我国属资源短缺型国家。其中，现有耕地 18.5 亿亩，人均 1.4 亩，不及世界人均 5.5 亩的 1/3；随着城市开发、改造及开发区热，每年流失耕地 600 万亩左右，预计到 2030 年人均不到 1 亩。"据国家统计局调查，位居前十强的县，与改革初期相比，人均耕地面积减少了 2/3"；"江苏江阴人均耕地已不足 4 分"。中国土地承载力已达极限，耕地资源不足已呈不可逆转之势。我国人均淡水 2200 立方米，只及世界人均的 1/4，是全球 13 个严重缺水国家之一，且分布不均，南多北少，有 16 个省（区、市）人均水资源拥有量低于联合国确定的 1700 立方米用水"紧张线"，山东人均水资源只有 335 立方米；全国 660 座城市中，有 400 多座缺水，110 座严重缺水。加之水体污染日益加剧，水资源紧张正时时向我们亮出"黄牌"。我国矿产资源总量比较丰富，但人均占有量只及世界的 1/2，且富矿少，贫矿多；45 种主要矿产现有储量可保证 2020 年需求的只有 23 种，特别是石油、铁、铜等，缺口很大；未来 30 年，石油、煤炭等主要矿产资源短缺也成定局。我国属少林国家，森林面积 1.58 亿公顷，人均只及世界人均的 1/8，其中，1/3 以上集中在大小兴安岭和长白山地，1/4 在青藏高原，而华北、中原、西北地区森林覆盖率只有 1%。这同大规模经济建设和环境保护对森林资源的需求很不适应。我国有草场 2.6 亿公顷，人均面积为世界人均 1/3。其中优质草场占 18%，中等占 46%，劣等占 36%。近年来，草场退化严重，且仍是靠天养牧，生产能力差，商品率低，平均百亩草场仅生产牛羊肉 23 斤（1 斤 = 500 克），牛羊奶 48 斤，羊毛 7 斤。我国海洋面积 300 万平方千米，沿海大陆架被认为是世界上为数不多的宽广大陆架和最富饶的石油蕴藏地之一，有着极为丰富的海洋资源。但海洋污染日益加重，且有80万平方千米海域为海洋邻国侵占。总体上看，资源不足正成为制约我国人与自然和谐发展的一个瓶颈。

三是环境形势不容乐观。一方面，环境破坏导致生态失衡。首先，土地沙化、盐碱化呈发展趋势，水土流失日益严重。"建国50多年来，……可居住的土地由于水土流失从600多万平方千米减少到300多万平方千米，减少了一半"。其次，森林减少，草场退化。"长江上游森林覆盖率则从过去的60%～80%，骤减为5%～7%"。其结果是水土流失加剧，物种减少，打破了生物链，引发病虫灾害，导致气候异常，旱涝灾害肆虐。其三，许多湖泊消失，水源减少。号称"千湖之省"的湖北省，湖泊数比建国初减少2/3以上，水面缩小3/4以上；新疆的玛纳斯湖，内蒙古的居延海，甘肃的青土湖，河北的白洋淀也都不见了。而随着湖泊消亡，周围经济也往往随之衰败，其带来的生态影响更是无法估量。其四，漏斗区地面下沉，引发地面沉陷、地下水枯竭、河道堤防断裂塌陷等一系列环境灾害；山西近1/7地面悬空，使大面积土地塌陷。

另一方面，环境污染形势依然严峻。据《2003年中国环境状况公报》资料显示：大气环境方面，全国监测的340个城市中，142个达到国家质量二级标准，107个为三级标准，91个劣于三级标准；由于大气污染，出现酸雨的城市265个，占上报城市数的54.4%，与上年相比，增加4.1个百分点。水环境方面，七大水系407个重点监测断面中，32.2%的断面属Ⅳ、Ⅴ类水质，29.7%的断面属劣Ⅴ类水质，其中海河水系劣Ⅴ类水质断面占50%以上；在28个重点监测的湖库中，Ⅴ类和劣Ⅴ类的分别占14.3%和35.7%。山东环保部门报告：省控50条河流116个断面中，符合Ⅴ类水质断面28个，占24.1%；劣于Ⅴ类水质断面55个，占47.4%；水环境功能区达标率为24.1%。其中，省辖淮河流域Ⅴ类占30.0%，劣Ⅴ类占38.0%；省辖海河流域23个断面中，只有1个符合Ⅴ类标准，其余22个断面水质均劣于Ⅴ类。南四湖、东平湖、大明湖11个测点中，2个符合Ⅴ类水质标准，9个属于劣Ⅴ类，水环境功能区达标率为零。另据媒体报道：襄樊市环保部门今年4月对白河河水进行水质分析。"上游高锰酸盐指数达到420毫升/升，超过《地表水环境质量标准》中Ⅴ类标准27倍"，"酚的含量超标4.5倍"。此外，垃圾污染、噪声污染、电子污染等，均有加剧趋势。种种迹象表明，我们在提高生活水平的同时，却又不同程度地损害了人与自然的和谐关系，导致生存环境质量下降。

人与自然关系中存在问题成因分析

上述种种问题，根本原因在于我国人口规模过大，增速过快，驱动了对资源的过度需求，导致了资源环境的破坏和污染。诚如邓小平同志所言：中国的一切麻烦就在于人口太多。在这一背景下，以下三种因素值得关注：

一是以GDP为中心的发展观左右各级地方政府的施政行为，人口、资源、环境意识十分淡薄。改革开放以后，我们确立了以经济建设为中心的发展战略，"发展是硬道理"成为一切工作的指导思想。在数亿人口没有解决温饱问题的情况下，实施这一发展战略，无疑是我们的最佳选择。它有效促进了生产力的快速增长，解决了最大多数人口的温饱问题，人民生活水平普遍提高。但是，以经济建设为中心却逐步演变成以GDP为中心。在许多地方，为了经济增长，乱铺摊子，乱上项目，不顾资源、环境的承载能力，乱占耕地，乱采矿山，滥伐森林、乱垦草场；加之粗放式经营和无序化管理，导致高消耗、高排放、高污染、低效益。尽管我们制定了可持续发展战略，并提出了以人为本的科学发展观，但在许多地方党委和政府那里，GDP依然是它们考虑的中心、施政的指南，"全党招商"、"全民招商"口号震天响就是佐证。更何况，在实践操作中，GDP常常是评价一个地方政绩的唯一或最重要标准。在这种大环境下，人口、资源、环境、可持续发展等不能不摆到次要位置。至于社会公众，数千年来多子多福传统习俗依然左右多数人的思维，资源环境意识几乎是零。于是，人口超生、偷生屡禁不止，自然资源被肆意掠夺侵占，生态环境遭到随意破坏和污染，也就在情理之中了。

二是有关立法滞后，现有法律法规尚存缺陷，有法不依、执法不严现象比较普遍。就立法层面来说，"参考国际上一贯的做法，凡大河流、大湖泊都要有专门的法律来保护"，可我们尚缺少"制定类似于《黄河法》、《长江法》、《太湖法》等法律，约束一些企业和政府的行为"，而有关资源保护方面的总法《能源法》也亟待出台。在现有法律、法规中，有些设计不科学，存在缺陷，如环保执法"从发现企业排污到执行要 3 个月时间，留给企业很大的空间，而不能立刻制止它"。另一个突出问题则是对违法、违规者惩处力度太轻，法律法规不足以起到惩戒作用。一些投资数 10 亿的特大电站项目，违反环境评价擅自开工建设，最后的罚款也不过 20 万元。区区20 万元罚款，对于一个投资超亿元的项目来说，简直是九牛一毛。这样的处罚力度对违法行为谈何震慑力？就执法而言，在我国，有法不依、执法不严、以罚代管极为普遍。即如人口计生，一些地方以罚款为目的，以超生罚款为创收或财源的补充，罚款越多，超生越多。再如环境执法，《全国城市环境管理和综合整治 2004 年度报告》指出，"在全国 500 个上报'城考'结果的城市中，共有 155 个城市的危险废物集中处理率为零；193 个城市的生活污水处理率为零，160 个城市的生活垃圾无害化处理率为零。"此外，环保守法、执法成本高，违法成本低；加上地方利益保护（上游排污下游遭殃），环保法律变得苍白无力。这是我国人与自然和谐发展的又一个制约因素。

三是资源、能源利用效率低，铺张浪费严重。如前所述，我国属资源短缺型国家，尤其是耕地和淡水，正成为制约可持续发展的重要因素。可我们却不太珍惜这些宝贵资源，常常大手大脚，利用效率偏低，浪费现象十分普遍。在土地利用方面，许多地方造大广场，修宽马路，甚至不惜占用大量农田建高尔夫球场；一些城市政府与开发商一道，利用城市建设或旧城改造，掀起一拨拨"圈地热"。在水资源利用方面，山东农业用水占全部用水的 70%，但灌溉用水率只有 40%～50%，地表水开发程度则不足40%。在能源利用方面，我国单位国内生产总值能源消耗"远远高于发达国家，甚至高于印度等发展中国家。据资料，目前，我国单位资源的产出水平，只相当于美国的 1/10，日本的 1/20，德国的 1/6；单位产值能耗比世界平均水平高 2.4 倍，是德国的 4.97 倍，日本的 4.43 倍，美国的 2.1 倍，印度的 1.65 倍，……我国综合能源效率仅为 33%，是世界上单位能耗最高的国家之一"。毫无疑问，这种状况加剧了人与自然的紧张关系。

另一方面，随着群众生活水平不断提高，社会上铺张浪费之风日渐抬头。无论是政府层面，还是公民个人（"先富起来"的一部分），都是铺张成风，奢侈成习。举例来说，全国每年 7000 万元的公款消费（公车、吃喝、出国），部分官员占有超大住房（有的多达数套），各大宾馆、饭店的公、私豪宴等等，无一不是铺张摆阔。媒体披露，今年 8 月 10 日，沈阳清文化主题酒店推出"耗资多达 20 余万元"的"满汉全席"；福州五星级新锐酒店香格里拉开出高达 13888 元的"七夕套餐"。类似的铺张、赛富、奢侈、挥霍之风，近年有升温之势。这和我们国情实在相距太远。它浪费了我们极为有限的宝贵资源，加剧了环境污染势头（消耗多，排污多）。对此，我们必须有清醒的认识。

促进人与自然和谐发展的思路和对策

人类只有一个地球，我们也只有这一片国土。只有善待我们赖以生存的土地、河流、空气、矿山、森林、草原和海洋，才能促进人与自然和谐相处，为我们自己更为我们子孙后代留下持续发展的家园。

（一）继续加强人口控制，大力促进人的全面发展

人口控制是对人口质与量的有效调节。在我国，其基本内涵被设定在"限制人口数量，提高人口质量"范围内。当前，继续控制人口增速，调整人口结构，提高人口素质，是促进人的全面发展进而促进人与自然和谐发展的前提。为此，必须加大对计生工作的监管力度。要认真贯彻、落实《人口与计划生育法》，坚决禁止以罚代管的恶劣做法；既统筹全局，又要突出加强对农村、城市农民工、城乡结合部居民的人口生育管理工作，遏制偷生、超生现象，真正实现人口的有计划生育；加快推进城市化进程，逐步提高城市人口比例；采取得力措施，遏制出生婴儿性别比攀高趋势；同时要着眼长远，未雨绸缪，精心设计应对人口老龄化的各种预案。应通

人与自然和谐发展

过种种努力，使我国人口增速适当，结构合理，适应资源、环境发展的需要。

另一方面，要进一步发展教育事业，提高教育质量。教育是提高人口素质、实现人的全面发展的根本途径。发展教育事业，既要注重教育公平，在高度关注"三农"问题的同时，实行农村教育经费政府埋单，逐步推行农村中小学九年免费义务教育，确保农村适龄儿童都能接受起码的九年义务教育；更要实施素质教育，改革教学内容，开展公民教育，把公民的权利义务教育、人口资源环境意识教育、崇法守法的法制教育、如何做人做事的道德教育等贯穿于大中小学教育的各个阶段。通过教育的普及和提高，为国家、民族培育一代代具备独立人格、善于学习思考、勇于承担社会责任、拥有创新激情和能力的现代公民。这是促进人与自然和谐发展、构建和谐社会的最坚实基础。

（二）落实以人为本的科学发展观，变革经济增长方式

党的十六届三中全会提出了以人为本的科学发展观。科学发展观的核

心是以人为本，可持续发展。它以人为中心，人的全面发展是一切发展的着眼点和根本目的，同时以资源环境为根基，以经济社会发展为目标；不仅着眼于当前，更要着眼于长远。坚持以人为本的科学发展观，必须抛弃以 GDP 为中心的发展观、政绩观。当然，观念的转变需要相应的体制设计，需要建立新的政绩评价体系，即要用绿色 GDP——涵盖人口、资源、环境、经济、社会发展等各项综合指标——代替原来单纯的 GDP 标准。其中，人口的增速、质量，资源可持续利用指数，生态环境变化状况等，都同 GDP 一样，成为重要的评价指标。评价体系、标准变了，势必会大大促进观念意识的转变，进而促进我国经济增长方式的根本变革。考察目前我国人与自然关系中的种种问题，除去人口因素外，往往都是经济增长方式惹的祸。因此，必须变革旧有的经济增长方式，根本改变以往那种"大量生产、大量消费、大量废弃"的传统经济增长模式，代之以低消耗、低排放或零排放、低污染或无污染、高质量、高效益的集约型经济增长模式，建立清洁工业和绿色农业，走资源节约利用、废物充分再利用的循环经济之路。只有实现经济增长方式的这种彻底转变，才能有效促进人与自然和谐发展。就此而言，确立以人为本的科学发展观，转变固有的发展理念和发展思路，切实变革经济增长方式，乃是各级党委和政府面临的根本任务。

（三）厉行法制，依法加大对资源、环境的保护力度

人与自然和谐发展，实质是在寻求一种和谐秩序。和谐秩序的建立离不开法制，法制是建立和谐秩序最稳定的基石。要实现人与自然和谐发展，必须进一步健全和完善资源环境的立法工作，树立并依靠法律权威，依法加大对资源、环境的保护力度。

健全和完善资源环境保护立法工作分两个层面：尚未立法的，应当尽快排上立法议程，组织专家研讨、起草，如能源法、大江大河法、水资源管理法、水价法等；现有但不科学、不完善的，应当尽快予以修订、完善。在立法、修法过程中，一要明晰资源的产权。张光斗、沈国舫等近 20 名院士于 2004 年 7 月 19 日表示，"水荒的困扰缘于目前中国的水权虚位，必须尽快推进水权制度建设，明晰水权"。其他资源如耕地、矿山等，也当如是

观之。明晰资源产权，才能依法有效保护资源。二要改革管理体制，调整审批权限。《环保法》在责令超标排污企业停业、关闭的法律责任条款中规定："责令中央直接管理的企业事业单位停业、关闭，须报国务院批准"。中央直属企事业遍布全国各地，环保执法须报国务院批准，势必延缓污染治理时限。《环境影响评价法》也需要根据对环境的实际影响适当上收审批权限——同级审批容易受地方保护的干扰。三要解决守法、执法成本高、违法成本低的问题。加大对违法的罚款和惩处力度，大幅度提高违法成本，让违法者得不偿失，不敢再犯；对有法不依、执法不严、违法不究行为规定具体、严厉的惩处条款，让枉法者胆战心惊。如此，我们才能彻底改变环保法的"豆腐法"形象，有效保护我们的资源环境。

（四）建设节约型、环保型社会

我国人口太多，资源短缺，环境承载力已达极限。建设节约型、环保型社会，是促进人与自然和谐发展、构建和谐社会的必然选择。

一要树立节俭之风，倍加珍惜、节约一切资源。有人说：节约是一种品质，一种精神，一种教养，一种美德。其实，节约也是一种资源。有"专家预测，仅靠节水，2015 年前中国可实现水资源供需平衡"。可见培育节约之风有多么重要！面对当前普遍存在的大手大脚、铺张浪费的恶劣习气，我们必须在全社会倡导节俭廉洁为荣、奢侈浪费可耻的消费观念。当然，我们的节约是全方位、多层面的：政府首先需要做出表率，大幅度压缩行政开支，有效遏制公款消费愈演愈烈之势；官员考察、调研、出访当轻车简从，杜绝迎来送往；高尔夫球场不建、少建，大广场、宽马路不修、少修；切实管好、用好纳税人的每一分钱和国家的每一寸土地。企业要加强管理，注重成本核算，在各个领域、各个环节上开展技术革新，实施节电、节水、节煤、节油、节地等一系列节能工程，珍惜、节约一切资源、能源。家庭和个人应秉持勤俭持家的优良传统，提倡量力而行，适度消费。只有全社会人人参与，上下形成一种节俭风尚，让铺张浪费之风成为过街老鼠，我们才有希望建设节约型社会。

二要唤醒全民的环境意识，人人关心、保护生态环境。环境保护人人

201

有责，因为环境破坏、污染容易建设难。而且环境一旦遭到破坏，它对人类的报复也是可怕的。比如因河水污染、金属污染，有些地方出现了癌症村；1998 年长江大水，中上游自然植被的破坏是祸首之一；人类无序的经济活动引发的温室效应导致全球气候变暖，海平面上升，未来若干年内有可能使海中岛国和沿海城市被淹没；今年飓风、台风的频频出现，也与温室效应不无关系……所以，保护、关心环境就是保护我们自己生存的根基。为此，除继续坚持预防为主、综合治理，依法加大环境保护力度外，应突出做好唤醒、增强全民环境意识的宣传、教育工作，让人人了解环境、认识环境，自觉关心、爱护环境。与此同时，动员全党、全民，植树造林，绿化荒滩、荒山、荒沟、荒岭；家前屋后、田边地头、河渠堤岸、道路两旁，凡一切空闲地方，都要植树栽花种草。这样，通过几代人的努力、呵护，让我们祖国天空变蓝、高山变绿、河水变清，实现人与自然和谐相处，为我们后辈子孙留下适宜生存、持续发展的家园。